Die wunderbare Welt der Pilze

Die wunderbare Welt der Pilze

Text von Gianni Gozzi
Deutsche Übersetzung und Bearbeitung
von Ulrike Kilias

Lizenzausgabe mit Genehmigung
der Editions Minerva, Genf,
für den Gondrom Verlag, Bindlach, 1987
Druck: Offset-Team Zumbrink KG, Bad Salzuflen
Verarbeitung: Buchbinderei Sigloch, Künzelsau
ISBN: 3-8112-0467-X

Vorwort

Man glaubte lange, und manche Leute tun dies immer noch, daß Pilze zufällig wachsen, daß sie aus „Erdsäften“ oder bei der Zersetzung organischen Materials entstehen. Wie man heute weiß, begünstigen „Fäulnisstoffe“ das Wachstum der Pilze, beeinflussen aber weder Form noch Farbe. Alle Pilze entstehen aus Sporen, ähnlich wie Pflanzen aus Samen keimen. Einige Arten wachsen mit einer Geschwindigkeit, die Veranlassung gab zu der sprichwörtlichen Redewendung: „ Wie ein Pilz schießen“. Die Fruchtkörper vieler Pilze entwickeln sich manchmal in einer einzigen Nacht. Diese Arten kehren jedes Jahr wieder und leben oft sehr kurz. Die Pilze sind stark wasserhaltige Gewächse; ihr Gewicht verringert sich beim Trocknen sehr stark. Die meisten Pilze haben einen charakteristischen Geruch; die einen strömen einen sehr sanften Duft aus, die anderen verbreiten einen ekelerregenden Gestank. Ihr Geschmack variiert ebenso: bald angenehm, bald scharf, seifig, sauer, zusammenziehend, zum Brechen reizend etc.. Manche sind fade und geschmacklos. Pilze können Mensch und Tier als ebenso schmackhafte wie gehaltvolle Speise dienen. Sie enthalten sehr viel Eiweiß, mehr als viele andere Gewächse. Wegen ihres recht hohen Eiweißgehaltes sind Pilze sehr nahrhaft. Weil ihre Zellwände aber kaum verdaut werden, gehören sie zu den schwer verdaulichen Lebensmitteln. Unglücklicherweise gibt es neben äußerst delikat schmeckenden Pilzen auch solche, welche ziemlich starke Gifte enthalten. Von vielen Arten ist noch nicht bekannt, ob und welche Gifte sie enthalten, ihre Inhaltsstoffe sind chemisch noch nicht analysiert. Deshalb sollte jeder Pilzsammler die Arten genau kennen und auseinanderhalten können. Pilze sind allerdings nicht einfach zu bestimmen, Merkmale, welche die Arten unterscheiden, oft nur schwer zu erfassen. In vielen Fällen ist es nur dem Spezialisten möglich, eßbare von ungenießbaren und giftigen Pilzen zu unterscheiden.

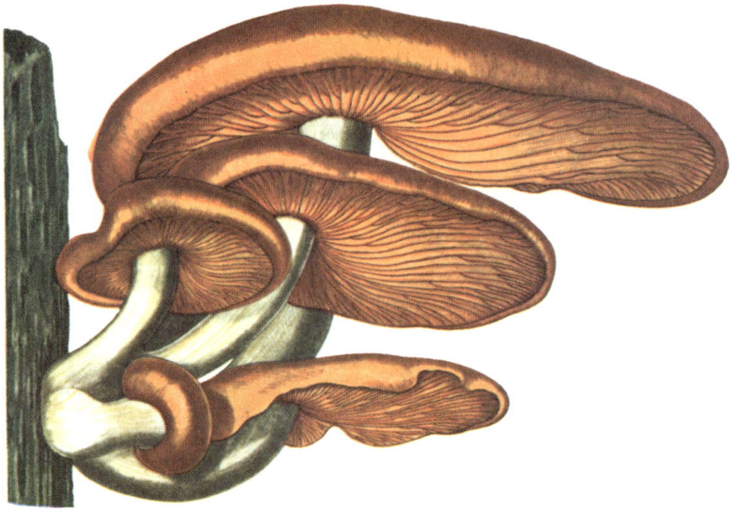

Register der lateinischen Namen

Register der deutschen Namen

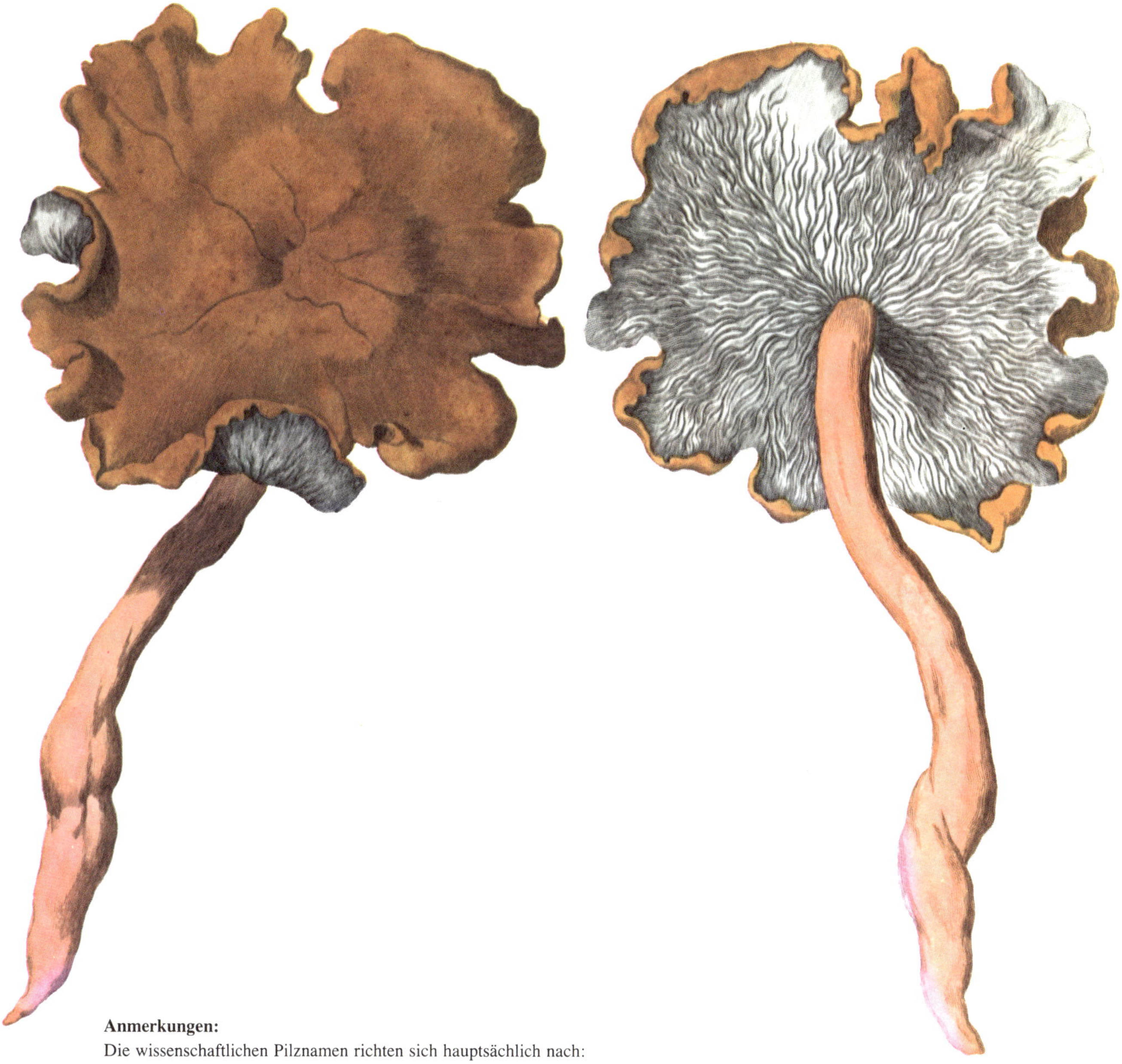

Anmerkungen:

Die wissenschaftlichen Pilznamen richten sich hauptsächlich nach:

— M. Moser, Die Röhrlinge und Blätterpilze
in H. Gams, Kleine Kryptogamenflora, Bd. II b/2, 4. Aufl. 1978, Gustav Fischer Verlag Stuttgart

— Michael/Hennig/Kreisel, Handbuch für Pilzfreunde, Bd. I-VI, 3. Aufl. 1978-1986, Quelle & Meyer, Heidelberg

— J.E. Lange u. M. Lange, Pilze, 3. Aufl. 1967, BLV München

— E. Gerhardt, Pilzführer, 1981 BLV München.

— E. Michael, Handbuch für Pilzfreunde, neu bearb. von B. Hennig, weitergeführt u. hrsg. von H. Kreisel, Bd. I-VI, 3. Auflage 1978-1986, Gustav Fischer Verlag Stuttgart

— J.E. Lange u. M. Lange, Pilze, BLV-Bestimmungsbuch, 6. Auflage 1975, BLV Verlagsgesellschaft München.

Angaben über Häufigkeit und Standorte wurden den Angaben in den o.a. Werken angeglichen.

Angaben zu Pilzgiften und ihren Wirkungen wurden übernommen von

— A. Bresinsky, H. Besl, Giftpilze. Ein Handbuch für Apotheker, Ärzte und Biologen, 1985, Wiss. Verlagsgesellschaft Stuttgart

Deutsche Pilznamen sind oft nicht eindeutig, sie können je nach Gegend variieren. Eindeutig können Pilze (wie auch Pflanzen und Tiere) nur mit dem wissenschaftlichen Namen bezeichnet werden.

Wenn bei manchen Arten keine Angaben über die Genießbarkeit gemacht wurden, so ist bisher nicht bekannt oder nicht genügend erforscht, ob die Art Vergiftungen hervorruft. In diesem Fall wird von einem Verzehr abgeraten.

Grundsätzlich gilt: Pilze, die man nicht zweifelsfrei ansprechen kann, lieber stehen lassen! Es wird auch darauf hingewiesen, daß in diesem Pilzbuch nicht alle bekannten giftigen Pilzarten aufgeführt sind.

Agaricus arvensis Schff. ex Fr.

Schaf-Egerling, Weißer Anis-Egerling

Hut schneeweiß, durch Reiben oder bei älteren Exemplaren auch gelblich, glatt oder schwach faserig, 5-20 cm. Stiel weiß oder hell rosa; Ring dick und auf der Innenseite einen mehr oder minder abgehobenen Rand zeigend (fast wie ein doppelter Ring). Lamellen rosa, bei Reife braunviolett bis purpurbraun. Fleisch weiß, gelb werdend. Angenehmer Geruch.

Häufige Art, im Sommer und im Herbst, an offenen Stellen, Wiesen, Gärten, Lichtungen in Wäldern. Eßbar, ausgezeichneter Speisepilz. (A)

Agaricus campester (L.) Fr.

Wiesenchampignon, Wiesen-Egerling

Hut weiß, fuchsig oder braun, zuerst kugelig, später weniger gewölbt, schließlich fast flach, zuweilen sogar konkav, weil sich bei älteren Exemplaren der Rand zurückrollt, manchmal glatt aber meist mit braunen Schuppen, 8-15 cm. Stiel voll, weiß, manchmal rötlich, glatt. Lamellen zunächst rötlich, später dunkel purpurn. Angenehmer Geruch und Geschmack. Fleisch weißbleibend oder rosa bis fuchsig werdend an der Luft.

Häufig, Mai bis Oktober, auf Feldern und Wiesen. Eßbar und ausgezeichnet.

Ebenfalls zur Gattung *Agaricus* gehören z. B.

Agaricus heamorrhoidarius Schulz. (Blut-Egerling) mit braunem, schuppigem Hut, das Fleisch färbt im Anschnitt sofort rot, recht selten, Juli bis Oktober, meist in Nadelwäldern, guter Speisepilz,

und *Agaricus vaporarius* (Pers. ex Vitt.) Mos. (Brauner Riesenchampignon) mit rotbraunem Hut und leicht heller gefärbtem Stiel, welcher aber auch gelblich sein kann, stellenweise, Juni bis Oktober, auf Müll- und Schuttplätzen, an Wegrändern, in Komposthaufen, jung eßbar und gut. Die kultivierte Art, der Pariser Zuchtchampignon, leitet sich von *Agaricus bisporus* Lge. (Garten-Champignon) ab. (B)

(A)

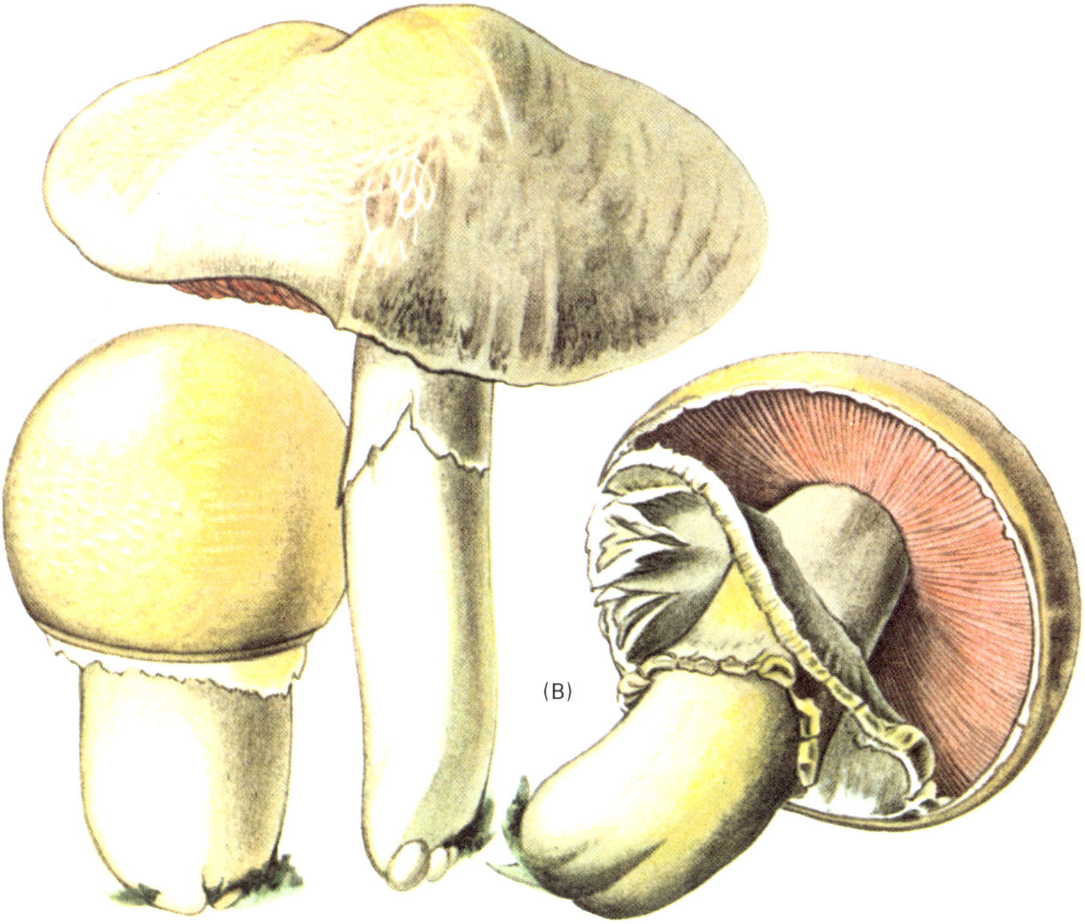

(B)

(B)

Hebeloma radicosum (Bull. ex Fr.) Ricken

Wurzelnder Fälbling

Hut fleischig, halbkuglig gewölbt bis ausgebreitet, schuppig gefleckt, tonfalb, etwas schleimig, 8-15 cm. Fleisch weißlich. Lamellen frei, gebogen, dicht, blaß, später rötlich. Stiel voll, weiß spindelförmig, Seitenwurzeln treibend, Ring lose, weiß, schuppig, hautig; Stiel unterhalb des Rings bedeckt mit Schuppen, deren Spitze nach oben zeigt. Sporen fahlbraun.

Nicht selten, im Sommer und Herbst, in Wäldern, auf Stümpfen. Geruch nach Kirschlorbeer. Ungenießbar. (A)

Agaricus silvaticus Schff. ex Secr.

Kleinschuppiger od. Echter Waldchampignon, Kleiner Blutegerling

Hut gelblich-weiß, manchmal rosa oder rotbraun, bei jungen Exemplaren an der Spitze kleine flockige Schuppen, die später verschwinden, 5-10 cm. Stiel hohl, an der Basis bauchig, weiß, später schmutzig graubraun, Ring einfach, weit abstehend. Lamellen fleischfarben, später rötlichbraun. Fleisch weiß, bei Verletzung blutrot anlaufend.

Recht häufig im Herbst, besonders in etwas feuchten Nadelwäldern. Eßbar. Sehr frisch verwenden. (B)

(A)

(B)
(A)

Cystoderma granulosum (Batsch ex Fr.) Fay

Rostroter Körnchenschirmling

Hut rosa, rot, orange oder braun, fein körnig-schuppig, 3-8 cm. Stiel von gleicher Farbe wie Hut, unten fusselig-samtig, oben glatt. Lamellen weiß. Fleisch weiß-gelblich. Eßbar. (A)

Macrolepiota procera (Scop. ex Fr.) Sing.

Parasol, Großer Schirmling

Hut braun mit dicken Schuppen, ausgebreitet, häufig mit Buckel in der Mitte. Durchmesser kann 20-30 cm erreichen. Stiel sehr lang, blaßfuchsig, braun oder schwärzlich getigert, unten bauchig, 15-30 cm hoch. Ring weit, ausgefranst, bräunlich, beweglich, kann den ganzen Stiel entlangrutschen. Knolle sehr bauchig, mit Resten einer Scheide. Lamellen weiß oder weiß-gelblich. Fleisch weiß oder leicht bräunlich mit angenehmen Geruch. Bei einer verwandten Art, *Macrolepiota rhacodes* (Vitt.) Sing. (Rötender Schirmling), rötet das Fleisch an der Luft.

Ziemlich verbreitet, im Sommer und Herbst, in Wäldern, an kühlen und schattigen Standorten. Eßbar, sehr guter Speisepilz. Junge Exemplare ohne Stiel verwenden. (B)

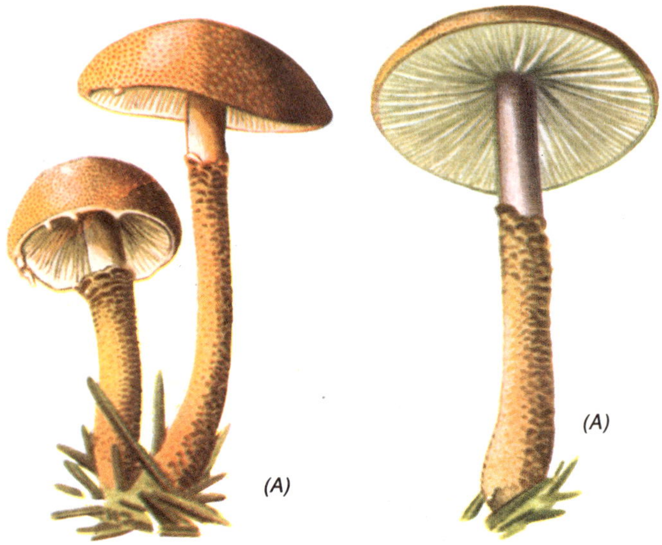

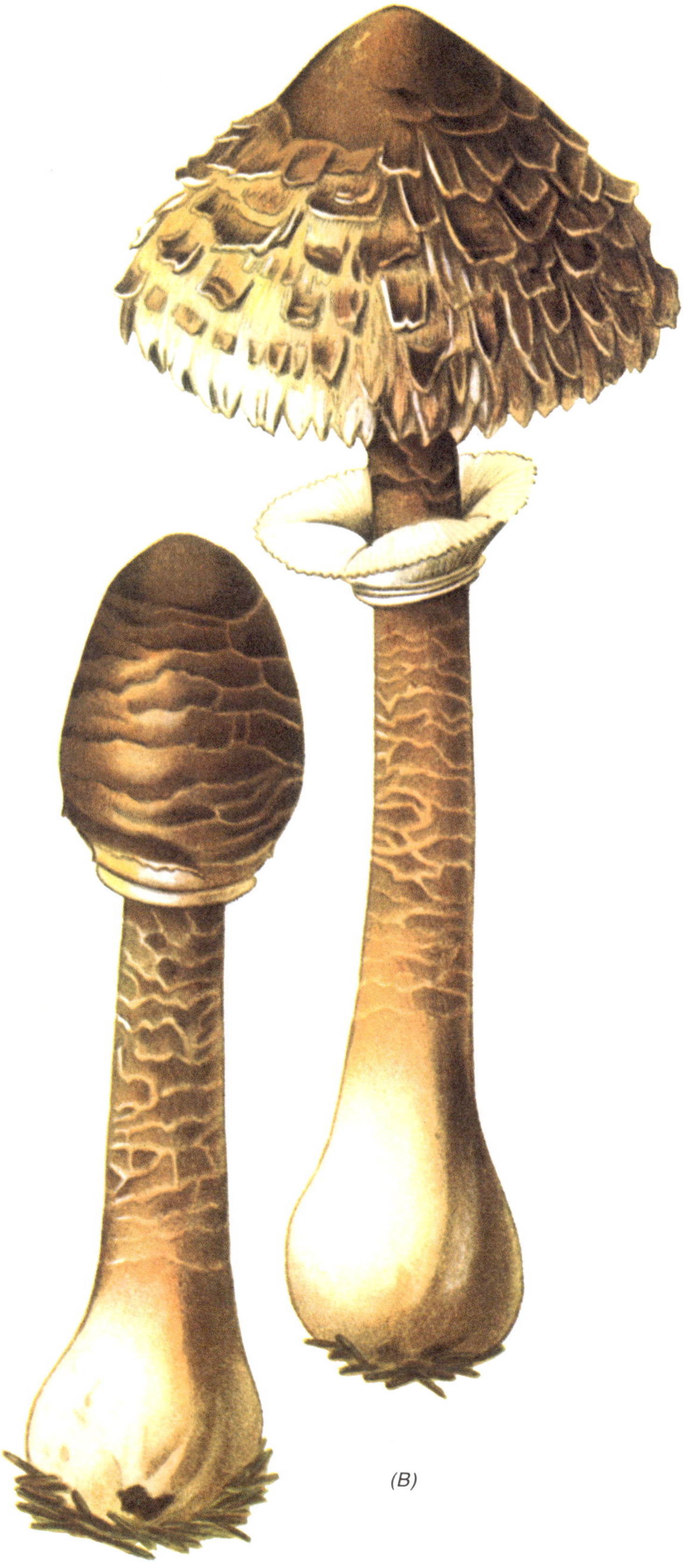

(B)

Amanita caesarea (Scop. ex Fr.) Pers. ex Schw.

Kaiserling, Orangegelber Wulstling

Hut leuchtend gelb oder rot, ohne Schuppen, mehr oder weniger gewölbt, 10-15 cm. Stiel dick, gelb, unten zwiebelförmig-knollig, umgeben von einer Art Manschette aus Resten einer weißen Scheide. Ring gelb. Lamellen goldgelb. Fleisch weiß, aber gelblich unter der Oberhaut. Geruch schwach, sehr angenehm. Dieser Pilz ist leicht zu unterscheiden von *Amanita muscaria* (Roter Fliegenpilz), dessen Hut rot ist, bedeckt mit weißen Schuppen, und dessen Lamellen, Ring und Stiel weiß sind.
Unter Eichen und Kastanien. Mediterrane Art, die nach Mitteleuropa ausstrahlt. Sehr guter Speisepilz.

Amanita citrina (Schff.) S.F.Gray. *Syn.: Amanita mappa (Batsch ex Fr.) Quél.*

Gelber Knollenblätterpilz, Gelbgrüner Wulstling

Hut gelb oder grünlich, mit weißen, gelben, grünlichen oder braunen Hautlappen oder Schuppen, 8-10 cm. Stiel weiß-gelblich, an der Basis mit einer Knolle, an der die Reste der Scheide sitzen. Lamellen weiß, manchmal gelblich. Fleisch weiß, leicht gelblich unter der Oberhaut, bitter. Geruch sehr charakteristisch nach rohen Kartoffeln.

Verbreitet, im Sommer und Herbst, in Wäldern, besonders unter Kiefern, Fichten oder Birken. Eßbar, ohne großen geschmacklichen Wert. Sammeln nicht zu empfehlen, um jegliche Verwechslung mit *Amanita phalloides* (Grüner Knollenblätterpilz) auszuschließen. (A)

Amanita muscaria (L. ex Fr.) Hooker

Roter Fliegenpilz

Hut gewölbt bis ausgebreitet, zinnoberrot oder orangerot, bedeckt mit weißen Hautschuppen, den Resten der Scheide, 8-15 cm. Stiel weiß, knollig, mit konzentrischen Wülsten an der Basis. Manschette weiß. Lamellen weiß. Fleisch weiß, leicht gelb unter der Oberhaut.

Häufig, vor allem zu Herbstbeginn, in Birkenwäldern. Der Name ,,Fliegenpilz'' rührt von dem Brauch, Fliegenpilzstücke eingelegt in Milch oder einfach in Wasser auf einen Teller zu legen, um Fliegen anzulocken und sie zu vergiften. Giftig. Verursacht Rauschzustände. (B)

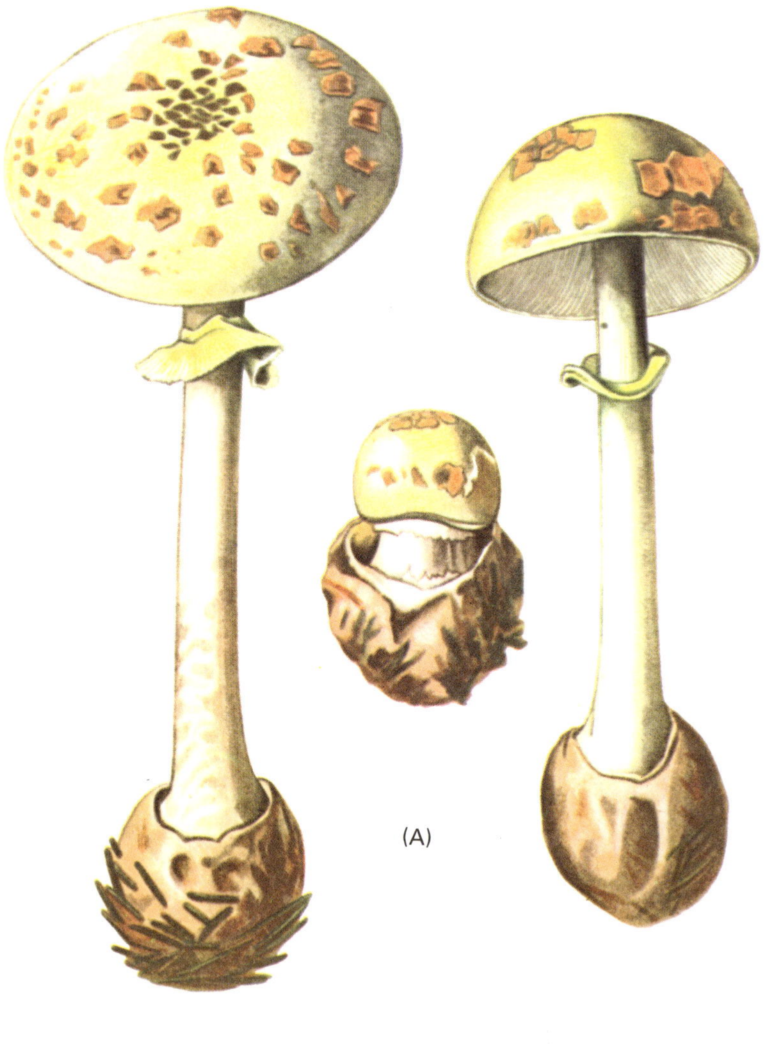

(A)

(B)

Amanita ovoidea (Bll. ex Fr.) Quél.

Eier-Wulstling

Stattlicher, vollkommen weißer Pilz. Hut seidig schimmernd, am Rand samtig und etwas nach innen umgebogen, 10-20 cm. Stiel kurz, dick, vollfleischig, leicht knollig an der Basis. Scheide wie eine große Hülle, dick, ausdauernd. Manschette sehr groß, leicht zerfallend, manchmal nicht mehr vorhanden. Lamellen weiß, gedrängt, häufig zum Rande hin ausgefranst. Fleisch fest, zart. Geruch und Geschmack schwach.
Im Sommer und Herbst, besonders in Eichen- und Kastanienwäldern, in Südeuropa (Mittelmeergebiet). Eßbar. Man muß diese Art deutlich unterscheiden von den weißen Amanita-Arten, die tödlich giftig sind. (A)

Amanita rubescens (Pers. ex Fr.) S.F.Gray

Perlpilz, Rötender Wulstling

Hut grau-rötlich, braun-lehmfarben, graubraun bis weiß, bedeckt mit warzenartigen Pusteln, 5-12 cm. Stiel weiß bis rosa, rötlich, fusselig. Scheide reduziert bis auf Schuppen auf der Knolle des Stiels und auf die Pusteln am Hut. Lamellen weiß oder rosa. Fleisch weiß, nimmt aber bei Verletzungen an der Luft eine weinrote Farbe an, besonders intensiv an der Knolle.
Sehr häufig, im Sommer und Herbst, in Wäldern. Eßbar und sehr gut. Sollte vor dem Essen ausreichend erhitzt werden, dadurch wird die enthaltene hämolysierende Substanz zerstört. (B)

(A)

(B)

Amanita pantherina (DC. ex Fr.) Secr.

Pantherpilz, Brauner Knollenblätterpilz

Hut braun, grau-fuchsig, manchmal leicht olivfarben, am Rand gerieft, bedeckt mit kleinen weißen Hautschuppen, 6-12 cm. Stiel weißlich, voll, später hohl, an der Basis bauchig. Das charakteristische Bestimmungsmerkmal dieser Art ist, daß die Scheide beim Zerplatzen unterhalb der Knolle des Stiels bestehenbleibt und dort eine Art zweiten Ring bildet, der erste Ring ist wie gewöhnlich am oberen Teil des Stiels, wenn auch manchmal sehr nahe am zweiten Ring. Lamellen weiß. Fleisch weiß, etwas bitter, an der Luft nicht rot verfärbend.
Verbreitet, im Sommer und Herbst, in Wäldern. Sehr giftig. (A)

Amanita phalloides (Vaill. ex Fr.) Secr.

Grüner Knollenblätterpilz, Grüner Giftwulstling

Hut gelb, grünlich, braun, olivgrün oder weiß, ohne Schuppen, meist etwas gestreift, niedrig, 5-15 cm. Stiel weiß, knollig. Ring weiß-gelblich, Scheide bildet eine Hülle um den Stiel. Lamellen weiß oder mit Hutfarbe. Fleisch weiß. Geruch schwach süßlich, Geschmack etwas scharf nach einiger Zeit.
Verbreitet, gegen Ende des Sommers und im Herbst, in Wäldern, besonders unter Eichen. Tödlich giftig. (B)

Amanita vaginata (Bull. ex Fr.) Quél.

Scheidenstreifling

Hut grau, schmutziggelb oder fuchsig, in der Mitte dunkler, am Rand gerieft, 6-10 cm, Oberhaut schmierig, glänzend. Stiel dünn und zerbrechlich, hohl, weißlich oder in Hutfarbe, manchmal mit schwärzlichen Linien. Kein Ring. Scheide in Form einer schmalen, hohen Hülle, leicht gefärbt wie der Hut. Lamellen gedrängt, weiß. Fleisch weiß, brüchig.
Ziemlich verbreitet, im Sommer und Herbst, in Wäldern. Eßbar und schmackhaft, nur ausreichend gegart verwenden. (C)

(B)

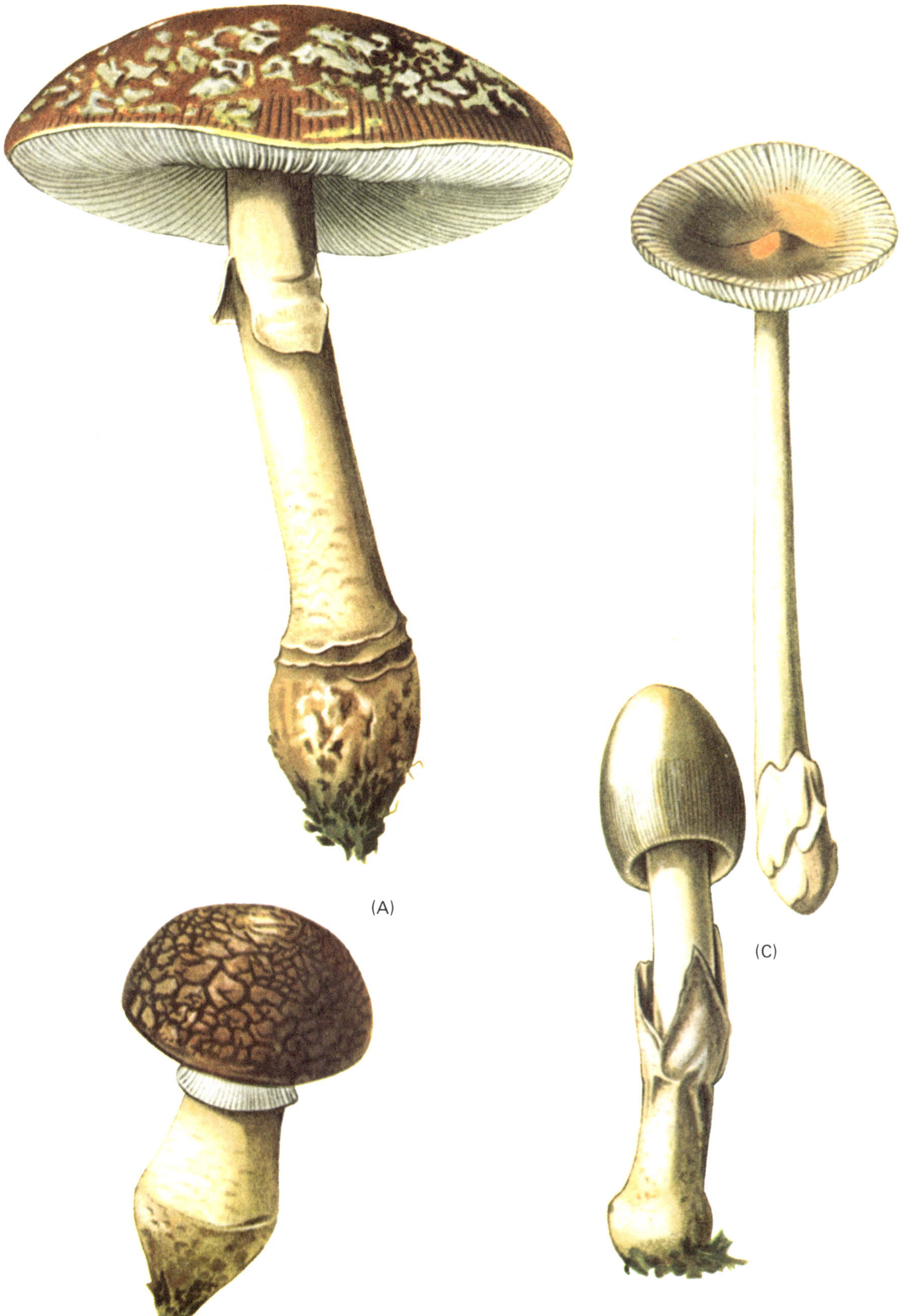
(A)
(C)

Amanita verna (Bull. ex Fr.) Pers. ex Vitt.

Weißer Knollenblätterpilz, Frühlings-Wulstling

Hut weiß, manchmal in der Mitte gelblich, feucht oder sogar etwas schleimig, zuerst glockenförmig, später ausgebreitet, 5-8 cm. Stiel weiß, innen weichlich und schließlich hohl, an der Basis gebaucht, mit einer weit hochreichenden Scheide umgeben. Ring weiß. Lamellen weiß, gedrängt. Fleisch weiß, etwas scharf oder bitter. Geruch unangenehm.

Diese Art wächst im allgemeinen von Frühling bis Herbst, in Wäldern. Tödlich giftig. (A)

Choiromyces maeandriformis Vitt.

Deutsche oder Weiße Trüffel

Runder Fruchtkörper, dünner an der dunkelroten bis braunen Basis, 6-10 cm. Fleisch weißlich mit stark gewundenen ockergelben Adern.

Vorkommen in lockeren Böden, fast an der Erdoberfläche. Eßbar, aber wenig gesammelt. Nur ausreichend erhitzt verwenden. (B)

Elaphomyces granulatus Fr.

Warzige Hirschtrüffel, Hirschbrunst

Fruchtkörper kugelig oder leicht nierenförmig, gelbbraun oder strohgelb, mit kleinen Warzen, 2-5 cm. Fleisch fest, rötlich, später braun, grau-schwärzlich. Unterirdischer Pilz.

Diesen Pilz kann man das ganze Jahr über finden, vor allem in sandigen Böden und in Wäldern. Viele Leute haben diesen Pilz ohne spätere Beschwerden gegessen; aber er hat einen bitteren Geruch und auch einen unangenehmen Geschmack. Man sagt, daß Hasen, Wildschweine und Hirsche ihn ausgraben und essen. Verdächtig. (C)

(C)

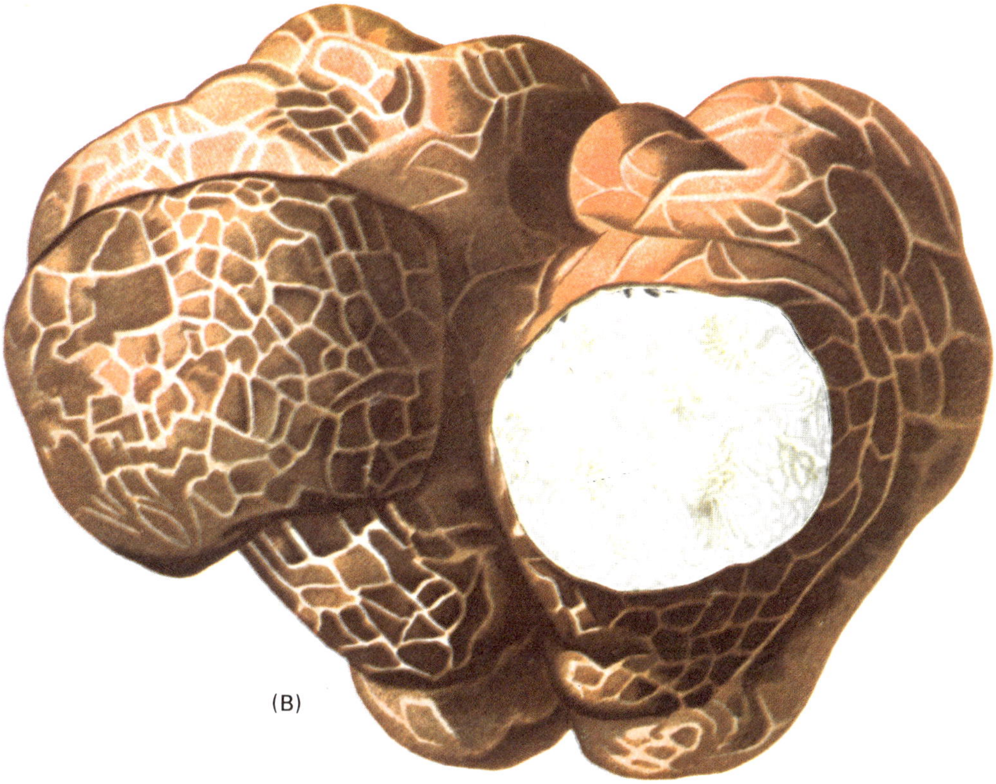

(B)

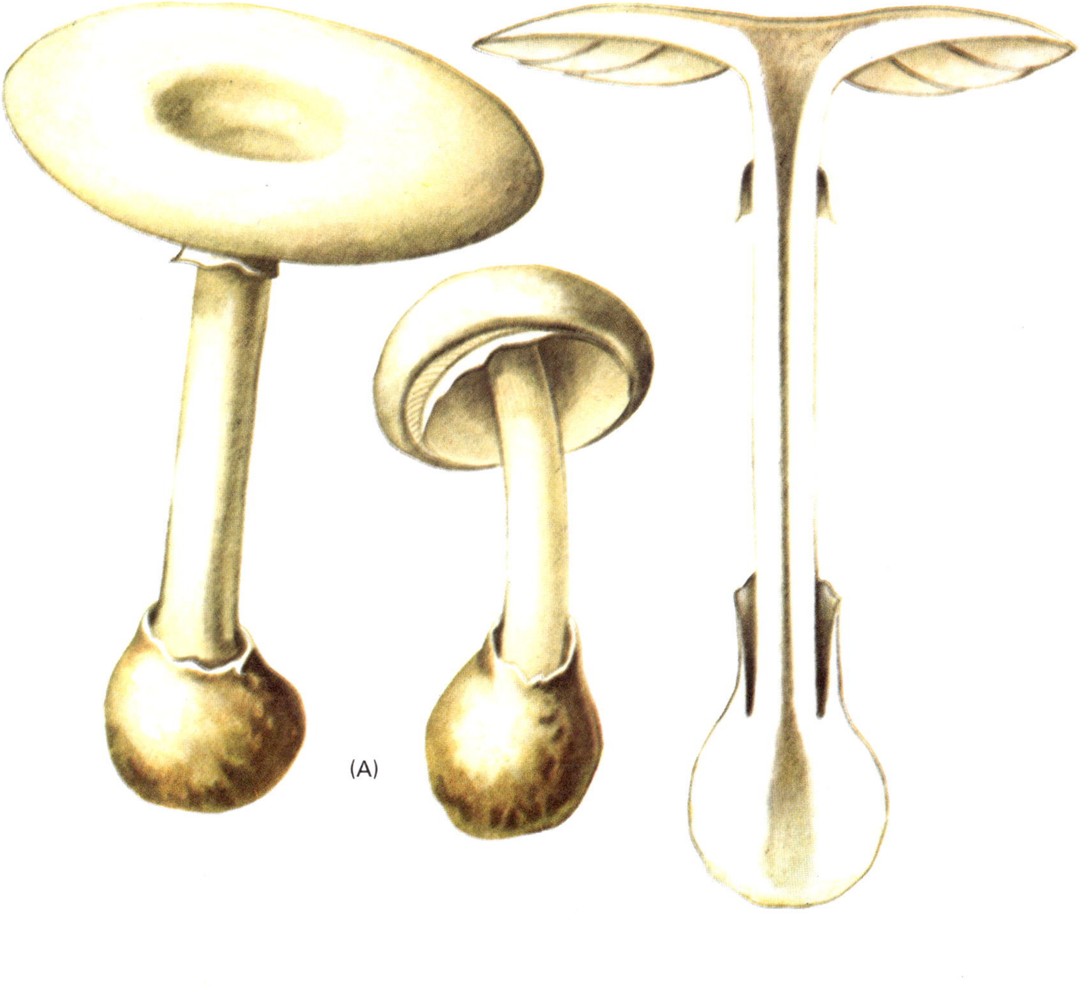

(A)

Morchella esculenta Pers. ex St. Amans

Speise-Morchel, Rundmorchel

Hut abgerundet eiförmig, grau, fuchsig, hellgelb oder braun, mit zellartigen Gruben, die Grubenwände bestehen aus unregelmäßig verlaufenden Rippen, 3-6 cm. Stiel weißlich.

Ziemlich selten, im Frühjahr, in Auwäldern, Laubwäldern, unter Gebüsch, an Waldrändern. Eßbar, sehr schmackhaft. Nur gut erhitzt verwenden, die im Pilz enthaltene hämolytische Substanz wird durch Kochen zerstört. (A)

Morchella conica Pers. ex Fr.

Spitzmorchel

Hut kegelförmig, unten am Stiel angewachsen, grau gelblich oder hellbraun, mit nahezu geraden senkrechten Rippen und welligen Querrippen, 2-4 cm. Stiel weißlich, hohl.

Wenig verbreitet, im Frühling, in Auwäldern, unter Gebüsch. Alle Arten der Morcheln sind eßbar und zählen zu den besten Speisepilzen. Eßbar, sehr gut. Nur ausreichend erhitzt verwenden.

Achtung: Kann leicht mit *Gyromytra esculenta* (Frühjahrs-Lorchel) verwechselt werden. (B)

Gyromytra esculenta (Pers. ex Fr.) Fr.

Frühjahrs-Lorchel, Giftlorchel

Hut vorstehend, mit gehirnartigen Windungen, fuchsig oder braun, 6-8 cm. Stiel weißlich oder hellfuchsig, samtig, hohl. Fast geruchlos.

Ziemlich verbreitet, im Frühling, seltener im Herbst, an Wegrändern, in Brachland, in lichten Nadelwäldern. Giftig. Wird manchmal als eßbar bezeichnet, in größeren Mengen und kurz hintereinander kann dieser Pilz jedoch tödliche Vergiftungen hervorrufen. Auch Abkochen bietet keine absolute Gewähr gegen Vergiftungen. Vom Genuß wird dringend abgeraten. (C)

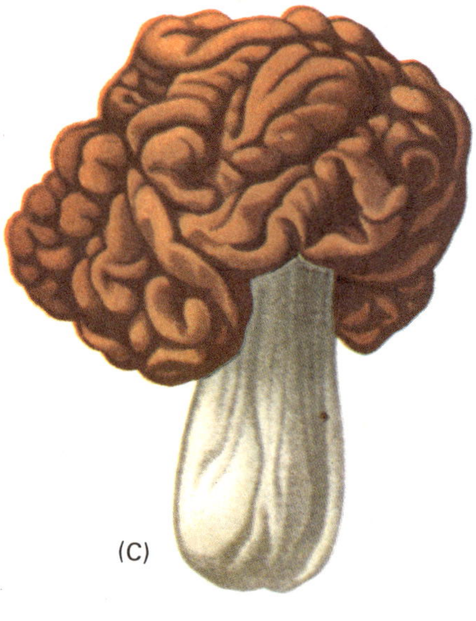

(C)

(B)
(A)

Helvella crispa Scop. ex Fr.

Herbst-Lorchel, Krause Lorchel

Hut mit welligen, krausen Lappen, häufig am Rand umgeschlagen, weißlich oder hellfuchsig, 3-6 cm. Stiel weiß-rötlich, mit unregelmäßigen Rippen und tiefen Furchen.
Ziemlich verbreitet, im Frühling oder Herbst, in Laubwäldern, unter Gebüsch. Eßbar nach Abkochen, etwas zäh. (A)

Helvella lacunosa Afz. ex Fr.

Gruben-Lorchel

Hut aschgrau oder schwarzbraun, gebildet aus zwei oder drei nach unten umgeschlagenen Lappen, 2-4 cm. Stiel weißlich, hohl, mit zahlreichen unregelmäßigen Windungen.
Ziemlich verbreitet, Juli bis September, in Laubwäldern zwischen Gras. Eßbar. (B)

Bulgaria inquinans Fr.

Schwarzer Gallertbecher, Schmutzbecherling

Weicher, elastischer Fruchtkörper, kugelig oder abgeflacht, manchmal etwas konkav, braunfuchsig oder schwarz, 1-3 cm, bei Berührung die Finger beschmutzend, Wasser rötlichbraun färbend.
Diese Pilze wachsen oft in großen Scharen auf alten gefällten Baumstämmen. Sehr häufig, April bis November. Bedeutungslos. (C)

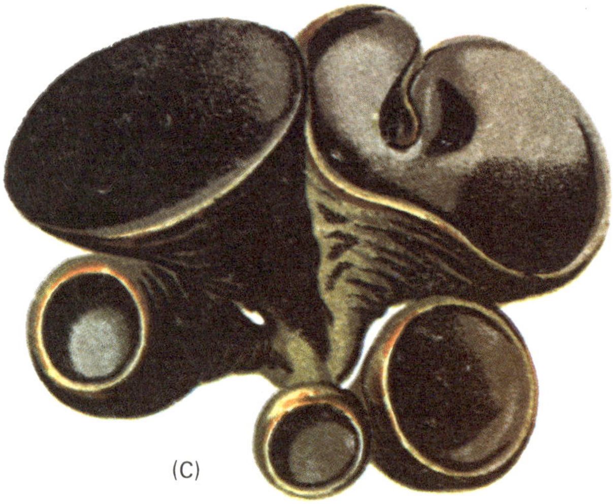

(C)

(A)
(A)
(B)

Paxina acetabulum (L. ex St. Amans) O. Kuntze

Pokal-Rippenbecherling

Stiel kurz, dick, weißlich, mit Furchen und Rippen, die sich nach oben gabeln. Becher außen gräulich, innen braun, 3-6 cm.
Ziemlich häufig, im Frühling, an kühlen und schattigen Plätzen, lichten Waldstellen. Eßbar. (A)

Aleuria aurantia (Fr.) Fuckel

Orangeroter Becherling

Becher ohne Stiel oder mit sehr kurzem Stiel, glatt, rot oder orange, 1-15 cm.
Die Pilze wachsen häufig in Gruppen, dicht nebeneinandergedrängt und haben sehr unregelmäßige Formen.
Häufig, von Oktober bis Dezember, an schattigen Plätzen: am Rand von Waldwegen, Rasenplätzen. Eßbar, als Salat oder mit Kirschschnaps. (B)

Scutellinia scutellata (L. ex St. Amans) Lambotte

Schildborstling, Schildförmiger Becherling

Becher ohne Stiel, gelb rötlich, am Rand mit zahlreichen schwarzen Borsten, fast schüsselförmig, 0,5-1 cm.
Häufig, im Frühling, auf Erde, an sehr dumpfen Plätzen, manchmal auf faulendem Holz. (C)

Leotia lubrica Scop. ex Pers.

Schlüpfriger Kappenpilz, Gelbgrünes Gallertkäppchen

Kopf weich, schleimig, rundlich oder ein wenig eingedrückt, braunrot, manchmal ins Grüne gehend, 1-2 cm.
Stiel hohl, lang, dünn, gelb grünlich oder fuchsig, schleimhaltig.
Ziemlich häufig, im Sommer und Herbst, in Wäldern, unter Gebüsch, zwischen Gras, oft büschelig. Eßbar, aber wenig gesammelt. (D)

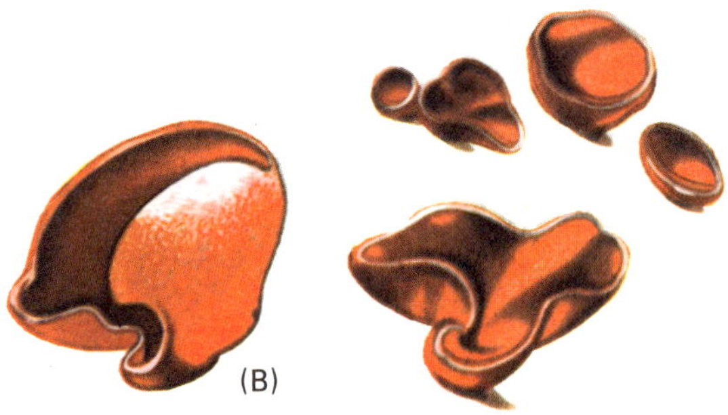

(B)

(A)

(C)

(D)

Boletus aereus Bull. ex Fr.

Schwarzhütiger Steinpilz, Bronze-Röhrling

Hut sehr dunkelbraun, fast schwarz, dick, 5-10 cm. Stiel dick, fast bauchig, graugelblich oder braungelblich, mit feiner Netzzeichnung. Poren weiß oder leicht graugelblich, etwas ins Grüne gehend. Fleisch weiß, rosa unter der Oberhaut, an der Luft vergilbend, fest. Angenehmer Geruch.
Verbreitet, hauptsächlich im Sommer und Herbst, in Wäldern, besonders unter Eichen, Edelkastanien. Eßbar und sehr gut. (A)

Suillus bovinus (L. ex Fr.) O.Kuntze

Kuhpilz, Kuh-Röhrling

Hut gelb-orange oder braun-fuchsig, manchmal schleimig, 4-6 cm. Stiel gelb oder fuchsig, gewöhnlich dünn, oft leicht gebogen. Poren sehr grob, grau-gelblich oder braun, charakteristisch für diese Art.
Häufig, gewöhnlich in Scharen, im Sommer und Herbst, in Nadelwäldern. Eßbar, minderwertig. (B)

Xerocomus chrysenteron (Bull. ex St.Amans) Quél.

Rotfuß-Röhrling

Hut braun oder braun-rötlich, samtig, 4-8 cm, häufig mit Rissen ähnlich kleinen Schuppen, dabei erscheint das Fleisch unter der Oberhaut blutrot. Stiel gelb, mit kleinen Schuppen, rot oder rosa gefleckt. Poren gelb, etwas ins Gelb-grünliche gehend. Fleisch gelb, rot unter der Oberhaut.
Verbreitet, im Sommer und Herbst, in Wäldern. Eßbar, aber minderwertig. (C)

(A)

(B)
(C)

Suillus aeruginascens (Secr.) Snell *Syn.: Boletus viscidus L. ex Fr.*

Grauer Lärchenröhrling

Hut schleimig, braun-gelblich, grau-grünlich, 5-8 cm. Stiel weiß oder hellbraun, zylindrisch. Röhren grau, weißlich, schmutzigbraun. Fleisch weiß.
Vorkommen im Sommer und Herbst, in Lärchenwäldern im Gebirge oder Flachland. Eßbar, aber minderwertig. (A)

Boletus edulis Bull. ex Fr.

Steinpilz, Herrenpilz

Hut braun, manchmal schmutzig gelb, dick, 5-25 cm. Stiel blaßbraun oder hellgelb, unten oft etwas bauchig. Poren weiß-grau, manchmal gelblich. Fleisch fest, später schwammig, weiß, unter der Oberhaut mit Hutfarbe. Angenehmer Geruch.
Sehr häufig, von Juli bis Oktober, gelegentlich im Frühling, in Wäldern. Ausgezeichneter Speisepilz, einer der besten, die man kennt, und der am häufigsten gesammelte. Eßbar, ausgezeichnet. (B)

(B)

(A)

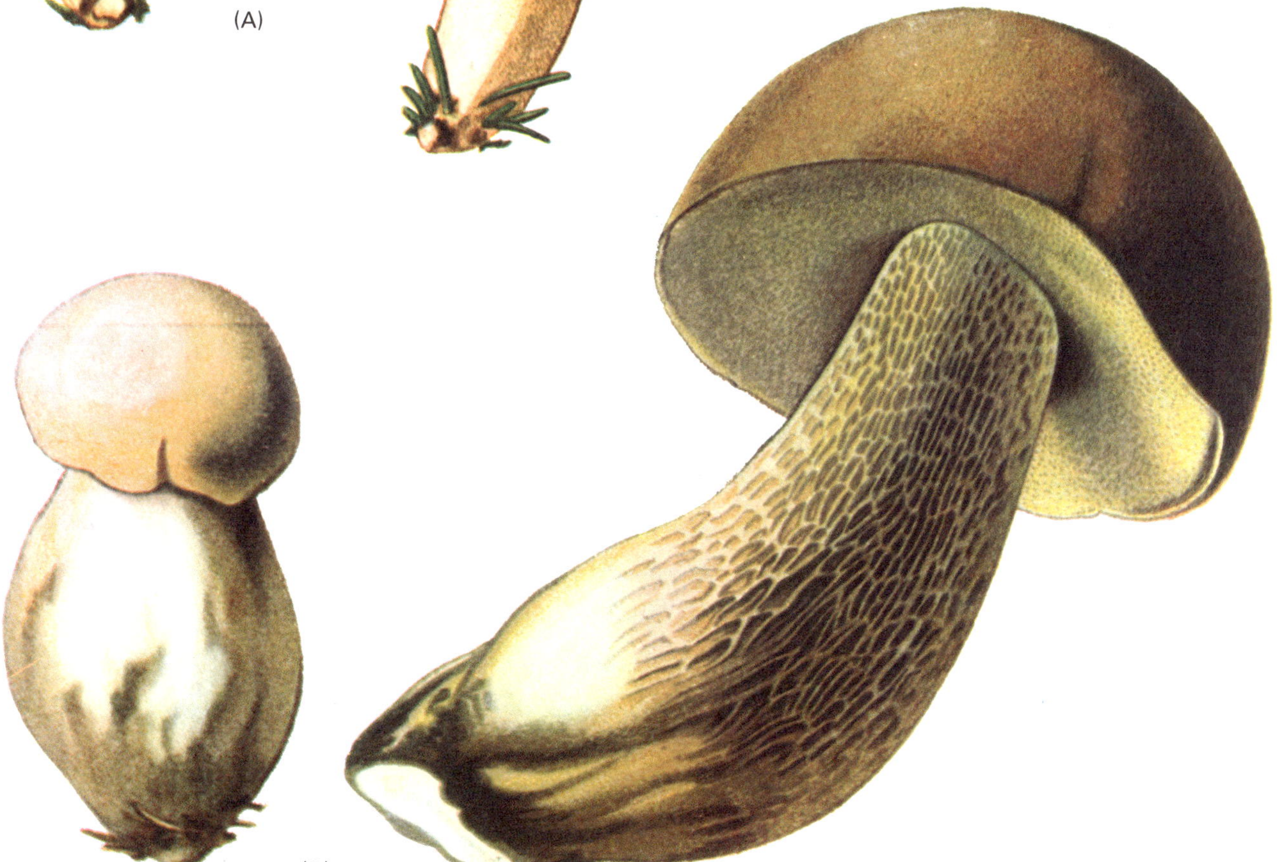

(B)

Tylopilus felleus (Bull. ex Fr.) Karst.

Gallenröhrling

Hut gelb bräunlich, manchmal gelborange, cremefarben-bräunlich, 5-10 cm. Stiel gelbbräunlich, oft heller als der Hut, in der Jugend bauchig, später zylindrisch, mit stark ausgeprägtem, grobmaschigem Netz. Poren weiß, später rosa, ein Bestimmungsmerkmal, das diese Art von allen anderen Röhrlingen unterscheidet. Fleisch weiß, im Bruch schwach rosa, gallenbitter. Die Bitterkeit verstärkt sich beim Kochen.
Ziemlich verbreitet, im Herbst, in Nadelwäldern. Ungenießbar wegen seiner Bitterkeit. (A)

Suillus grevillei (Koltzsch) Sing. ex Fr. *Syn.: Boletus elegans Schum.*

Gold-Röhrling, Goldgelber Lärchen-Röhrling

Hut blaßgelb oder fahlgelb, jung schleimig, 4-6 cm. Stiel gelb oder weißlich, mit einem weißen Ring und einer Art Netz unterhalb des Ringes. Röhren und Poren gelb. Fleisch zitronengelb.
Wächst im Herbst, in Nadelwäldern. Gut. Eßbar, wenn man die schleimige Oberhaut entfernt. (B)

Suillus granulatus (l. ex Fr.) O.Kuntze

Schmerling, Körnchen-Röhrling

Hut schmierig, rostbraun oder braun-gelblich, 3-8 cm. Oberhaut leicht abziehbar. Stiel gelblich, zylindrisch, besonders am oberen Teil körnig. Röhren gelb, häufig mit milchigen Tröpfchen an den Mündungen.
Häufig, im Herbst, unter Kiefern. Gut. Eßbar, wenn man die Oberhaut entfernt. (C)

(A)

(B)

(C)

Boletus luridus Schff. ex Fr.

Netzstieliger Hexen-Röhrling

Hut in den verschiedensten Farbschattierungen, manchmal olivbraun, rötlich, 8-12 cm. Stiel gelb bis fuchsrot, im oberen Teil mit einem roten Netz, an der Basis etwas knollig. Röhren gelb-orange bis grünlich, sehr kurz um den Stiel, den sie kaum erreichen. Poren rot, bei Berührung blau. Fleisch gelblich, an Luft rasch blau oder grünlich werdend. Verdächtig, roh giftig. (A)

Suillus luteus (L. ex Fr.) S.F.Gray

Butterpilz

Hut braun-gelblich bis dunkelbraun, besonders jung schmierig, 4-8 cm. Dicke Oberhaut, leicht abziehbar. Stiel gelblich oder weißlich, mit einer braunen oder violetten Manschette. Poren klein, gelb. Fleisch weißlich, an den Röhren gelb.
Ziemlich häufig, im Herbst, in Wäldern, besonders Kiefernwäldern. Eßbar, wenn man die Oberhaut entfernt. (B)

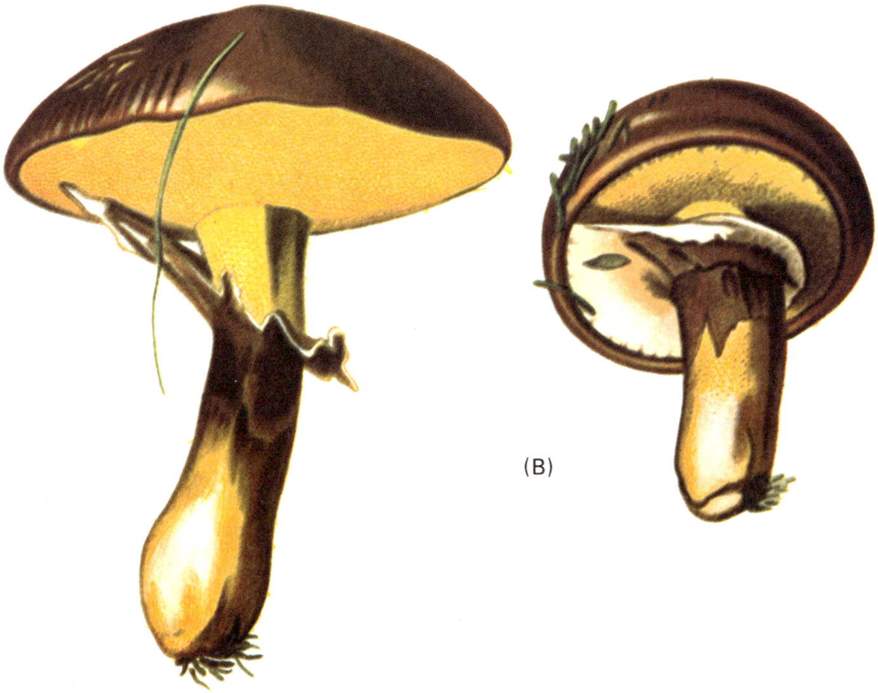

(B)

(A)

Chalciporus piperatus (Bull. ex Fr.) Bat.

Pfeffer-Röhrling

Hut braun-gelb-rötlich, schwach klebrig, 2-5 cm. Stiel fahlrot oder gelblich, kräftiger gelb an der Basis, unten oft etwas dünner. Röhren manchmal etwas am Stiel herablaufend, Poren rötlich. Fleisch gelblich mit pfefferartigem Geschmack.
Ziemlich verbreitet, im Sommer und Herbst, in Kiefernwäldern und unter Birken. Kann in kleinen Mengen als Gewürz verwendet werden. (A)

Boletus radicans Pers. ex Fr. *Syn.: Boletus albidus Roq.*

Wurzelnder Bitter-Röhrling

Hut grau-bräunlich oder fuchsrot, 5-8 cm. Stiel gelblich bis blaß-lehmfarben, an der Basis etwas dünner. Röhren gelb. Fleisch bitter, wie die Röhren an der Luft schnell blau werdend.
Im Herbst in Bergwäldern. Ungenießbar. (B)

(A)

(B)
(B)
(A)

Boletus satanas Lenz

Satanspilz, Satans-Röhrling

Hut weiß-gräulich, hellbraun oder gelb-rötlich, später bräunlich-oliv, dick, 6-30 cm. Stiel kurz, bei Berührung blauend, stark verdickt an der Basis, gelb-rötlich mit einem roten Netz in der Mitte. Röhren gelb, Poren gelb, später rot. Fleisch weiß, an der Luft blauend oder grün werdend, manchmal im Stiel rötend. Geschmack süßlich. Geruch schwach, aber unangenehm.

Ziemlich selten, im Sommer und Herbst, in Laubwäldern. Giftig. Der einzige unter den Boletus-Arten, der starke Darmstörungen verursacht. (A)

Leccinum scabrum (Bull. ex Fr.) S.F.Gray

Birkenpilz

Hut braun oder fuchsrot, schrumpelig, später rissig, 5-10 cm. Stiel weiß oder hellbraun, voll, mit feinen weißlichgrauen Schuppen. Poren weiß-grau. Fleisch weiß, schmutzig rot anlaufend, später schwärzend. Geruch und Geschmack angenehm.

Sehr verbreitet, im Sommer und Herbst, in Wäldern. Dieser Pilz wird im Alter zäh; es wird empfohlen, nur den Hut zu verwenden, da der Stiel im allgemeinen hart ist. Eßbar. (B)

Strobilomyces floccopus (Vahl in Fl. Dan. ex Fr.) P.Karst *Syn.: Strobilomyces strobilaceus (Scop. ex Fr.) Berk.*

Strubbelkopf, Schwarzer Schuppen-Röhrling

Hut grau, später braunschwarz, mit sehr großen Schuppen, deren Anordnung an Tannenzapfen oder Dachziegel erinnert, 8-15 cm. Stiel bedeckt mit großen Schuppen. Ring mehr oder weniger beständig. Röhren braun, Poren weiß, später grau, bei Berührung rötend oder schwarzwerdend. Fleisch weiß, beim Durchschneiden rosa oder grauviolett werdend.

Ziemlich selten, im Herbst in Wäldern. Eßbar, minderwertig. (C)

(B)

(A)

(C)

Xerocomus subtomentosus (L. ex Fr.) Quél.

Ziegenlippe

Hut braunrot oder braungelb, fein filzig, alt etwas rissig, 8-12 cm. Stiel gelb, manchmal oben rillig oder rot gepunktet. Röhren gelb-grünlich, recht grob, sehr kurz neben dem Stiel. Poren schwefelgelb. Fleisch gelblich, leicht blauend an der Luft, weich.
Recht häufig, im Sommer, in Wäldern. Eßbar, aber wenig gesammelt. (A)

Boletus torosus Fr.

Blutrotfleckender Röhrling

Hut polsterartig, 10-25 cm, massiv, glatt, trocken, zuerst grünlich, später gelblich werdend, weinrot fleckend. Röhren frei, eng, gelb, Poren rot-orange. Stiel sehr dick, birnenförmig-keulig, mit einem blutroten Netz auf gelblichem Grund. Dieser Pilz hat ein gelbliches Fleisch, das beim Durchschneiden schnell blau wird, später langsam graugrün verblassend. Der Geschmack ist säuerlich.
Sehr selten, im Sommer und Herbst, in Wäldern, auf Kalkböden. Ungenießbar. (B)

(B)

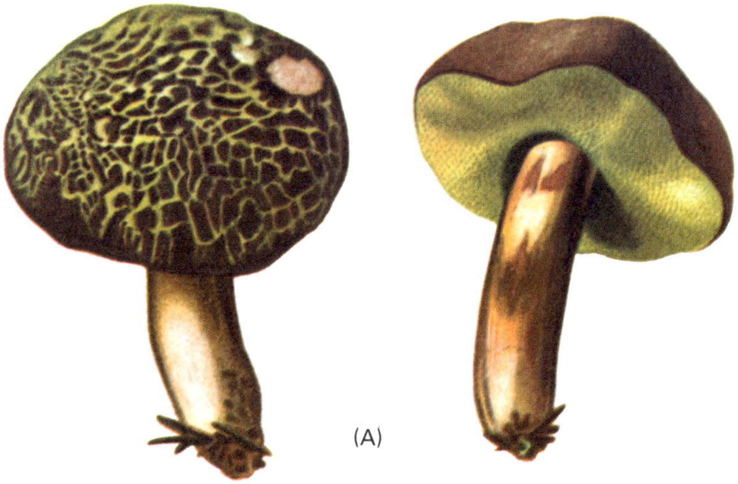

(A)

Suillus variegatus (Swartz ex Fr.) O.Kuntze

Sand-Röhrling

Hut braungelblich oder braunrötlich, mit feinen dunkel oliv-grauen Schuppen, 6-12 cm. Stiel gelblich, kurz. Röhren klebrig, gelb, später braun. Fleisch gelblich bis hellrot, schwach blauend.
Nicht selten, im Herbst, besonders in Kiefernwäldern. Eßbar, aber wenig schmackhaft. (A)

Leccinum aurantiacum (Bull. ex St.Am.) S.F.Gray

Rotkappe, Kapuziner

Hut braun oder rotbraun, zuerst filzig, später glatt, 4-8 cm. Stiel schlank, leicht bauchig an der Basis, mit kleinen schwarzen Schuppen. Röhren und Poren gräulich. Fleisch weiß oder hellgrau, würzig. Geruch kräftig, angenehm.
Im Herbst in Wäldern, besonders Nadelwäldern. Eßbar und gut. (B)

Gomphidius glutinosus (Schff.) Fr.

Kuhmaul, Schmieriger Gelbfuß

Hut schleimig, braun oder rotbraun, mit einem violetten Schimmer, im Alter oft schwarzfleckig, 5-10 cm. Stiel oft schleimig, an der Basis leicht verdickt, oben weiß, im unteren Teil kräftig gelb. Lamellen weit herablaufend, grau, später fast schwarz. Fleisch weiß, bräunlich unter der Huthaut, gelb im Stiel, geruch- und geschmacklos.
Recht häufig, im Herbst, unter Fichten. Recht gut. Eßbar, aber wenig geschätzt. (C)

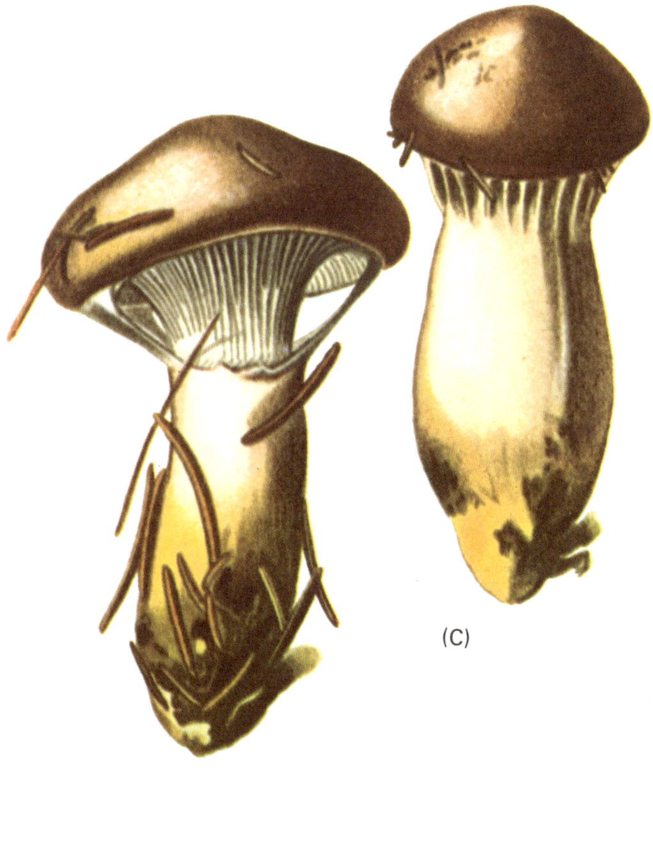

(C)

(A)
(B)

Chroogomphus rutilus (Schff. ex Fr.) O.K.Miller *Syn.: Gomphidius viscidus L. ex Fr.*

Kupferroter Schmierling

Hut sehr klebrig, im allgemeinen stark kegelig-warzenförmig, später abgeflacht, manchmal in der Mitte eingedrückt, braun, violett oder hellpurpur meliert, manchmal fuchsig, mit schwärzlichem Schimmer, und schließlich vollständig schwarz werdend, 3-11 cm. Stiel gelb oder fuchsig, mit Schleierresten. Lamellen breit und dick, graurötlich oder grau-purpurn, am Stiel herablaufend.
Ziemlich häufig, im Herbst, unter Kiefern. Eßbar, aber ziemlich zäh, wenig gesammelt. (A)

Paxillus atrotomentosus (Batsch) Fr.

Samtfuß-Krempling

Hut zuerst gewölbt, später trichterförmig, mit recht unregelmäßiger Form, fuchsig oder braun-rötlich, 10-20 cm. Stiel kurz, exzentrisch oder sogar seitlich, mit dichtem Filz, schwarz-braun. Lamellen gelb bis rotbraun, nahe dem Stiel durch kleine querlaufende Lamellen verbunden. Fleisch weiß.
Nicht selten, im Sommer und Herbst, in Kiefernwäldern. Eßbar, aber wertlos. (B)

Paxillus involutus (Batsch) Fr.

Kahler Krempling

Hut zuerst gewölbt, später flach, schließlich trichterförmig, schmutzig gelb oder fuchsig, am Rand nach unten eingerollt, 10-20 cm. Stiel ockergelb, nicht samtig, oder kaum samtig. Lamellen fuchsig, nahe am Stiel mit kleinen querverlaufenden Lamellen. Fleisch zäh, weiß oder gelblich.
Ziemlich häufig, im Sommer und Herbst, in Wäldern. Giftig. Wird gelegentlich als eßbar bezeichnet, vom Genuß ist jedoch dringend abzuraten. (C)

(C)

(A)

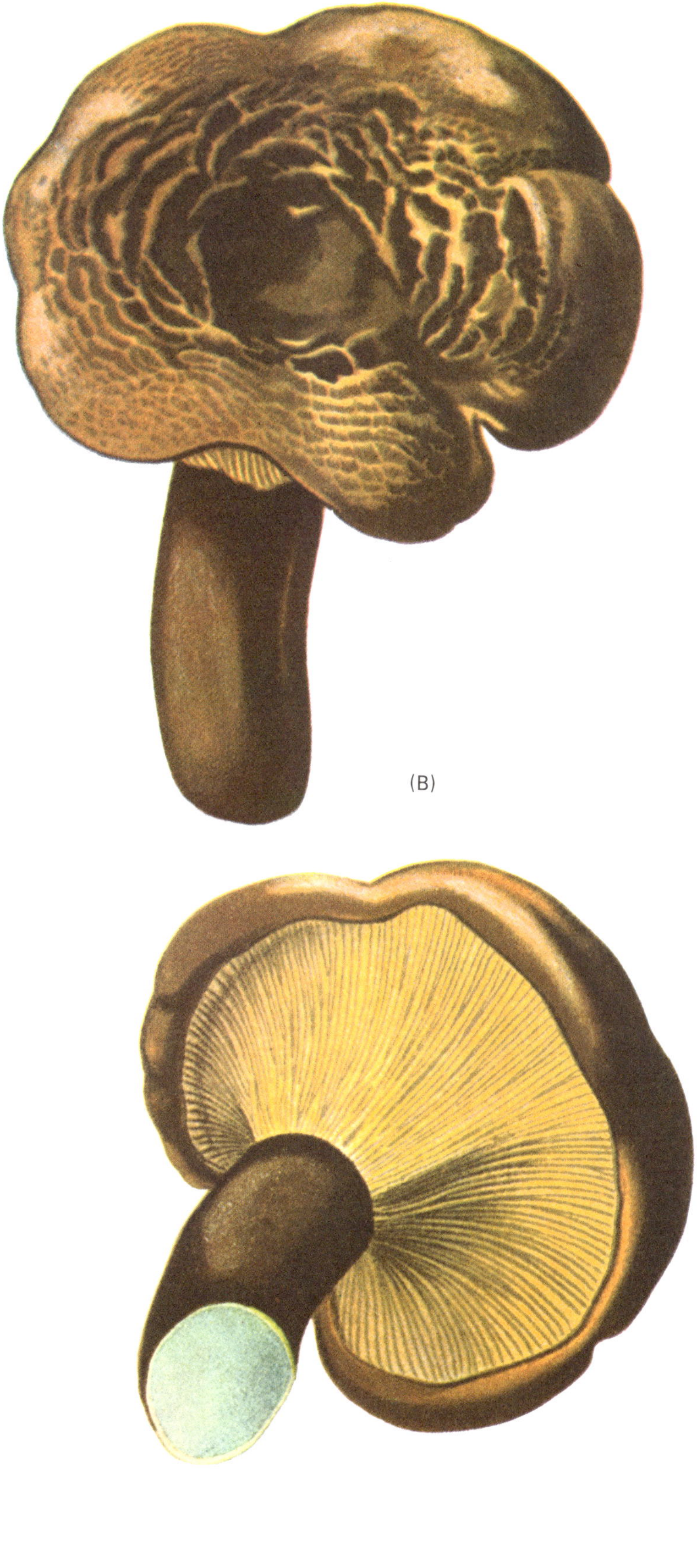

(B)

Calocera viscosa (Pers. ex Fr.) Fr.

Klebriger Hörnling

Fruchtkörper geweihartig verzweigt, gelb oder gelb-rötlich, Enden sichelförmig.
Recht häufig, das ganze Jahr, besonders Juli bis Januar, auf Stümpfen von Nadelholz. Ungenießbar. (A)

Hygrophoropsis aurantiaca (Wulf. ex Fr.) R.Mre. *Syn.: Cantharellus aurantiacus Fr.*

Falscher Pfifferling

Hut gelb-orange, rötlicher als *Calocera viscosa,* gewölbt, später trichterförmig, 3-6 cm. Stiel gelb-rötlich, manchmal schwarz werdend. Lamellen orange, oft gegabelt, aber dünner, dichter und zahlreicher als bei *Cantharellus cibarius* (Echter Pfifferling). Fleisch gelblich, zäh.
Nicht selten, im Herbst, in Wäldern. Eine Verwechslung mit *Cantharellus cibarius* (Echter Pfifferling) sollte vermieden werden. Die rötlichere Farbe und die dichteren Lamellen des Falschen Pfifferlings erlauben eine genaue Unterscheidung. Minderwertig. (B)

Cantharellus tubaeformis Fr.

Trompeten-Pfifferling

Hut braun, mit gebuckeltem Rand, tief trichterförmig bis in den Stiel hinein, der fast bis zum unteren Ende hohl ist. Hutdurchmesser 2-5 cm. Stiel gelb. Leisten entfernt stehend, dick, gegabelt oder verzweigt, gelb-gräulich.
Häufig, im Sommer und Herbst, in Wäldern, Eßbar. (C)

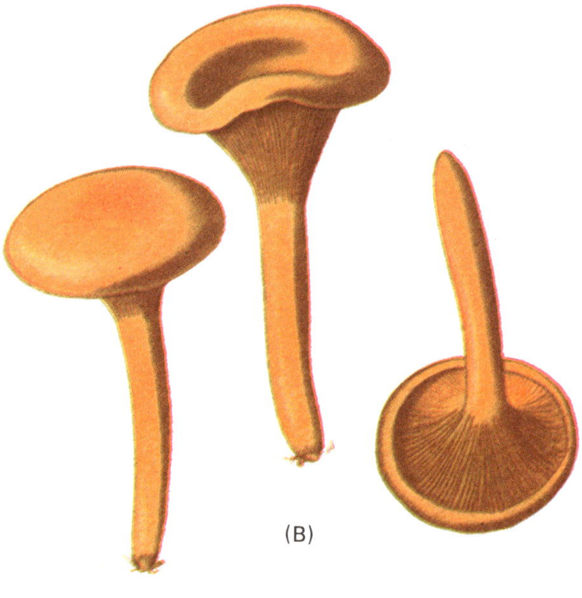

(B)

(C)

(A)

Cantharellus cibarius Adans. ex Fr.

Echter Pfifferling, Eierschwamm, Rehling

Hut gewölbt, später trichterförmig, am Rand unregelmäßig gelappt und gewellt, meist eigelb, manchmal etwas blasser, 3-6 cm. Stiel dick, an der Basis dünner, gelb-orange. Leisten weit, wenig hervorstehend, gabelig verästelt, netzartig verbunden, am Stiel weit herablaufend. Fleisch weiß, Geruch angenehm.

Recht häufig, im Sommer und Herbst, in Wäldern. Der etwas bittere Geschmack verschwindet bei der Zubereitung. Eßbar, sehr gut, häufig gesammelt.

Ramaria botrytis (Fr.) Ricken

Hahnenkamm, Rötliche Koralle

Stamm dick, ziemlich groß, weißlich. Zahlreiche kurze Verästelungen, am Ende purpurrot. Recht häufig, im Herbst. Eßbar. (A)

Clavulina cinerea (Bull.) Schroet.

Graue Koralle

Strunk kurz, von unten an verzweigt, weißlich. Unregelmäßige Verästelungen, hellgrau bis dunkelgrau. Verbreitet, im Sommer und Herbst, in Wäldern, meist in Gruppen. Eßbar. (B)

Clavulinopsis corniculata Schff. ex Fr.

Wiesen-Koralle

Stamm kurz, schwachgelb. Verästelungen gelb, in Büscheln und alle etwa auf der gleichen Höhe endend. Recht häufig, in Gras, an Straßenrändern, in Wiesen. Ungenießbar. (C)

Ramaria flava (Schff. ex Fr.) Quél.

Schwefelgelbe Koralle

Stamm gelb, kurz, verästelt ab der Basis. Verästelungen zylindrisch, sehr zahlreich, vollständig gelb. Selten, im Herbst, in Laub- und Nadelwäldern, besonders unter Fichten und Buchen. Jung eßbar, sehr geschätzt. (D)

(A)

(B)

(D)

(C)

Ramaria formosa (Fr.) Quél.

Schöne Koralle, Dreifarbige Koralle

Stamm dick, stark verästelt, weißlich. Verästelungen zylindrisch, gelb-orange oder auch rosa, Zweigspitzen gelb. Nicht sehr häufig, im Sommer und Herbst, in Wäldern, manchmal auf Weiden oder Brachland. Giftig. (A)

Clavariadelphus ligula Schff. ex Fr.

Zungen-Keule

Stiel gelb, dünn, oben kolbig angeschwollen, manchmal höckrig, 3-6 cm hoch.
Nicht sehr häufig, im Sommer und Herbst, in Nadelwäldern, auf Grasplätzen. (B)

Clavariadelphus pistillaris (L. ex Fr.) Donk.

Herkules-Keule

Stamm grau oder fuchsig, manchmal gelb, nach oben stark keulenförmig verdickt, 3-4 cm breit. Der ganze Pilz erreicht eine Höhe von 8-12 cm. Zäh, wird wenig gesammelt.
Verbreitet, im Sommer und Herbst, auf grasigem Waldboden, auf Weiden. Eßbar, nicht schmackhaft. (C)

Ramaria stricta (Pers. ex Fr.) Quél.

Steife Koralle

Stamm kurz, dick, gelb. Zweige steif, dicht aneinandergedrängt, gelb.
Nicht selten, im Herbst, meist auf totem Laubholz, an vermoderten Stümpfen. (D)

(B)

(A)

(D)

(C)

Sparassis crispa Wulf. ex Fr.

Krause Glucke

Stiel sehr dick, an der Basis etwas dünner, weiß-gelblich, mit zahlreichen abgeflachten krummen Zweigen, verschlungen, an den Enden kraus, grau-gelblich, an den Enden oft gelber. Groß, blumenkohlähnlich.
Selten, im Sommer und Herbst, in Kiefernwäldern, oft am Fuß der Bäume. Jung eßbar und gut. (A)

Coprinus atramentarius (Bull. ex Fr.) Fr.

Grauer Faltentintling

Hut länglich, glockenförmig, zunächst weiß, mit schimmerndem Staub bedeckt, später grau oder rotbraun, wenn dieser Staub verschwunden ist, dann mit kleinen braunen Schuppen, 3-6 cm im Durchmesser, 6-8 cm in der Höhe. Stiel weiß, Höhe etwa 15 cm, oft an der Basis verdickt. Lamellen braun, später schwarz und rasch zerfließend.
Recht häufig, im Herbst, oft büschelig wachsend, auf Wiesen und in Gärten. Verdächtig, vom Verzehr wird abgeraten. (B)

Coprinus congregatus Bull. ex Fr.

Hut glockenförmig, hell rotbraun oder schmutzig gelb, etwas klebrig, 2-3 cm. Stiel weiß, dünn. Lamellen weiß, später schwarz.
Büschelig wachsend, im Herbst, in Wäldern oder Gärten. (C)

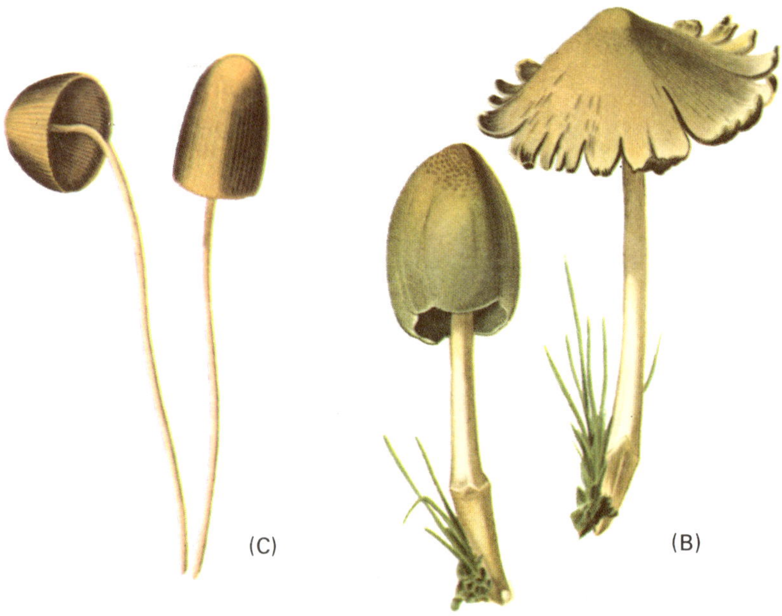

(A)

Coprinus comatus (Müll. in Fl. Dan. ex Fr.) S.F.Gray

Schopf-Tintling

Hut eiförmig-zylindrisch, später glockenförmig, weiß, dann rosa, später am Rand bräunlich, mit großen Schuppen, 5-8 cm. Stiel weiß, leicht samtig, sehr lang, bis über 10 cm, am Grunde schwach knollig verdickt, mit einem beweglichen dauerhaften Ring. Lamellen engstehend, jung weiß, später dunkelpurpurn, zuletzt schwarz, tintenartig zerfließend. Fleisch weiß.
Häufig, im Sommer, häufiger im Herbst, auf gedüngtem Boden, in Gärten, besonders auf Weiden. Man muß den Pilz jung sammeln, bevor er zerfließt, und sofort zubereiten, da er schnell verdirbt. Eßbar. (A)

Coprinus micaceus (Bull. ex Fr.) Fr.

Glimmer-Tintling

Hut eiförmig, später glockenförmig, am Rand gewellt, einreißend, gelb-rotbraun, jung mit glimmerig glitzernden Körnchen, 3-5 cm. Stiel weiß. Lamellen weiß, schmutzig-gelb, dann purpur-braun, nicht zerfließend.
Häufig, Frühling bis Herbst, büschelig wachsend in Wäldern, auf Wiesen oder auf morschen Baumstämmen. Verdächtig, kann Übererregbarkeit hervorrufen bei gleichzeitigem Alkoholgenuß. (B)

Geastrum fornicatum (Huds.) Hooker

Großer Nest-Erdstern

Äußere Hülle öffnet sich in 4 oder 5 Lappen, weiß-gelblich, 5-10 cm hoch. Innenkörper getragen von einem kurzen Stiel, weiß-gelblich, später braun.
Ziemlich selten, im Herbst, vor allem in Laubwäldern. (C)

Astraeus hygrometricus (Pers.) Morgan

Wetterstern

Äußere Hülle bräunlich, 2-4 cm, aufreißend in 4-8 Lappen, die sich bei feuchtem Wetter nach außen zum Boden wölben und bei Trockenheit wieder zusammenrollen. Innenkörper braun, ohne Stiel, am Scheitel einreißend.
Sehr verbreitet, Frühling bis Winter, besonders in trockenem sandigem Nadelwald. (D)

(C)

(B)

(B)
(A)
(D)

Bovista nigrescens Pers.

Schwarzwerdender Eier-Bovist, Schwärzlicher Bovist

Fruchtkörper kugelig, 3-6 cm, mit weißer Außenhülle, die allmählich schuppig abfällt, und grauem Innenkörper, der braun, dann schwarz wird und sich bei Reife am Scheitel öffnet. Fleisch weiß, später schwarz, wie die Sporen.
Verbreitet, im Sommer und Herbst, auf Weiden. Eßbar, wird aber nicht gesammelt. (A)

Bovista plumbea Pers.

Bleigrauer Zwerg-Bovist

Fruchtkörper kugelig, 2-3 cm, Außenhaut weiß, rasch abfallend, Innenhaut erst bei Reife aufplatzend, bleigrau oder blaß-bräunlich. Oberfläche feinkörnig. Sporenmasse weiß, später braun.
Recht verbreitet, im Sommer und Herbst, auf Weiden, an Wegrändern. Jung eßbar. (B)

Calvatia utriformis (Bull. ex Pers.) Jaap *Syn.: Calvatia caelata (Bull.) Morgan*

Hasen-Stäubling, Hasen-Bovist

Fruchtkörper grauweißlich, birnenförmig, mit kurzem, dicken Stiel, der durch dicke Mycelstränge im Boden befestigt ist, 10-15 cm breit, mit eckigen Schuppen oder auch regelmäßig rissig, allmählich abfallend, so daß die innere Fruchtkörperhaut sichtbar wird. Fruchtmasse braun, dann zimtbraun.
Verbreitet, aber nicht häufig, im Sommer und Herbst, auf Waldlichtungen, auf trockenen Wiesen. Jung eßbar. (C)

Lycoperdon echinatum Pers.

Igel-Stäubling

Fruchtkörper kugelig, nach unten sich verjüngend, graubraun oder fuchsig, mit langen und dichten Stacheln.
Im Herbst, in schattigen Laub- und Nadelwäldern, vorwiegend unter Buchen, in Laub, besonders auf Kalkboden. Jung eßbar. (D)

Scleroderma aurantium L. ex Pers.

Dickschaliger Kartoffelbovist

Fruchtkörper kugelig, hellbraun oder gelblich-braun, Hülle dick, elastisch und eßbar, mit zahlreichen Schuppen, durchschnittlich 3-10 cm, kann aber auch 12 oder sogar 15 cm Durchmesser erreichen. Fleisch weiß, dann braun, später schwarzbraun und pulverartig. Der Sporenstaub im Innern ist schwarzbraun. Bei *Scleroderma verrucosum* Pers. (Dünnschaliger Kartoffelbovist) ist der Fruchtkörper reiner gelb und trägt eher runde Warzen als Schuppen.
Häufig, im Sommer und Herbst, in Wäldern, auf Heiden, besonders auf torfigem Boden. Giftig. (E)

(E)
(A)
(B)
(C)
(D)

Phallus impudicus L. ex Pers.

Stinkmorchel

Jugendstadium eiförmig, weiß. Eischale weiß oder gelblich. Stiel weißlich, schwammig-porös, wabenartig-löchrig, 10-12 cm hoch, weich. Hut weiß, gekammert, bedeckt mit einer grünlichen schleimigen Sporenmasse. Widerlicher Geruch. Fleisch weiß, locker.
Häufig, im Herbst, in Wäldern. Jung, im Eistadium, gekocht eßbar.

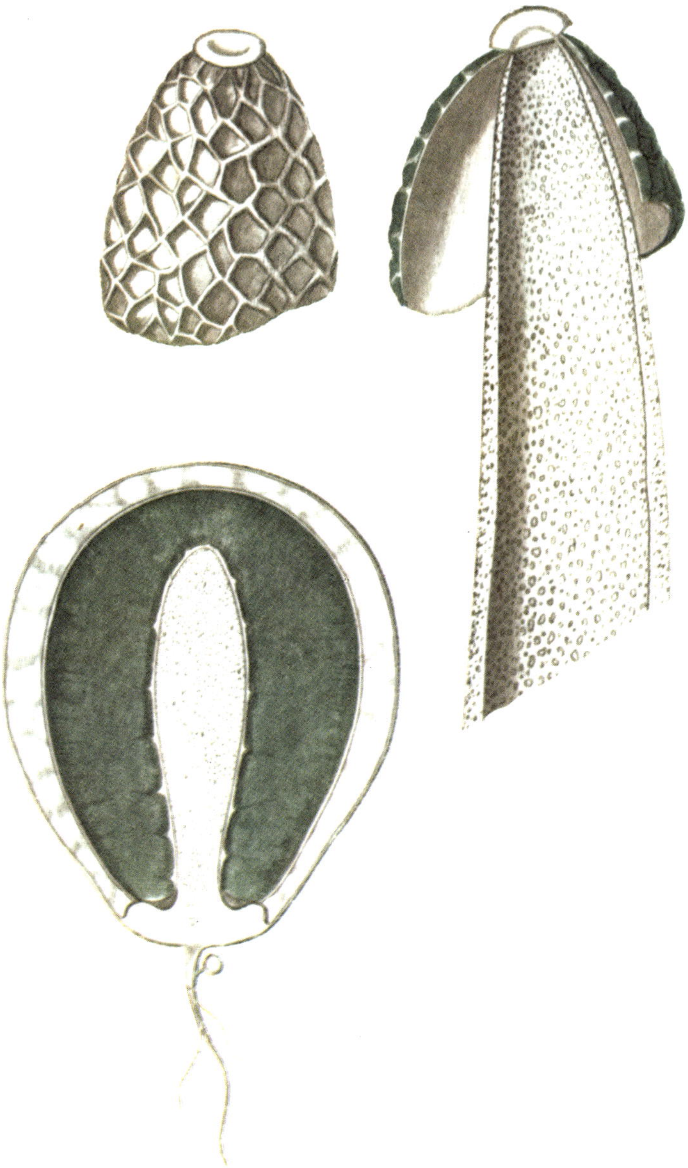

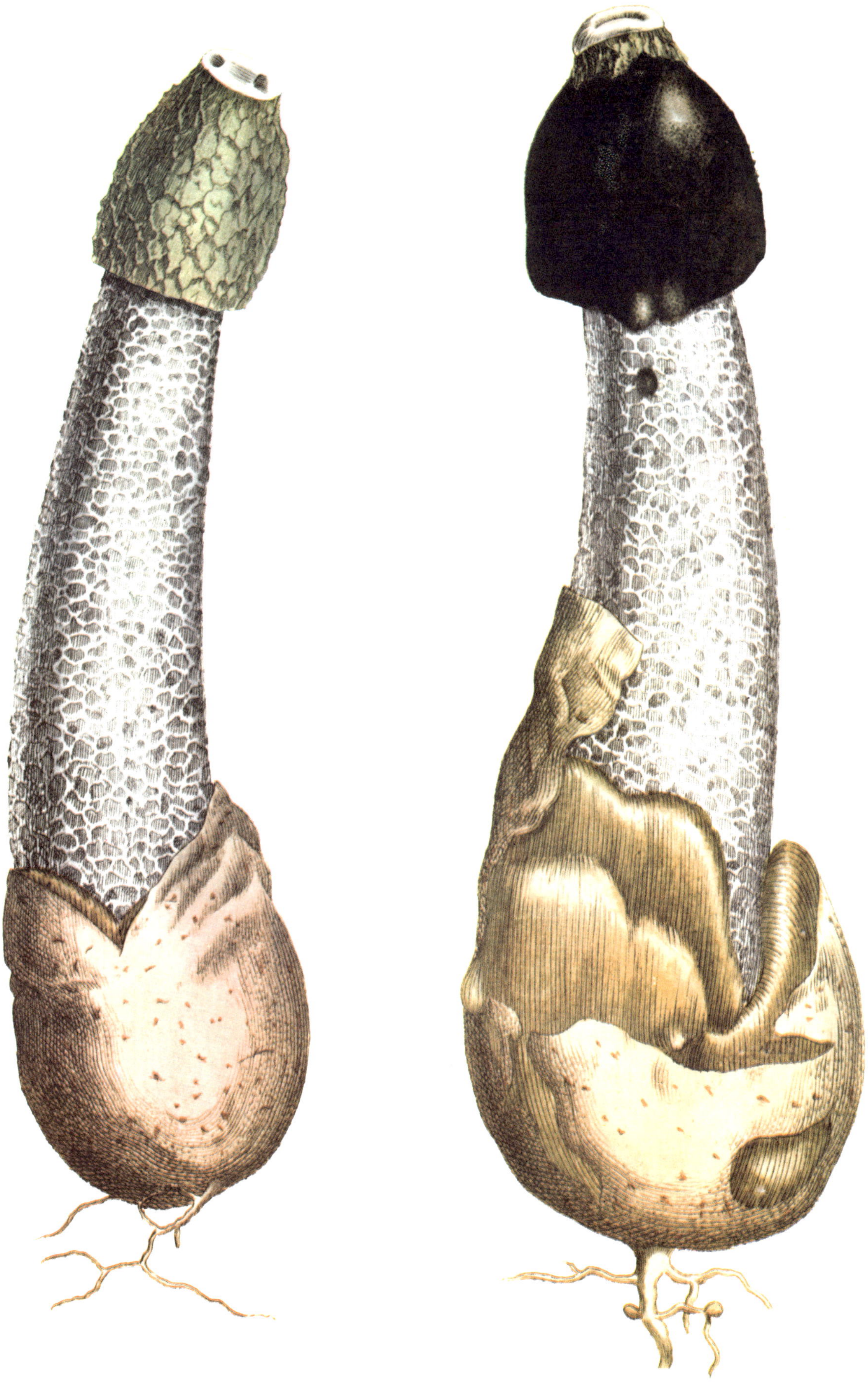

Auriscalpium vulgare Karst.

Ohrlöffel-Stacheling

Hut braun, samtig oder haarig, bohnenförmig, klein, zäh. Stiel seitlich befestigt, dünn, schlank, braun, haarig. Stacheln graubraun.

Verbreitet, nicht selten, fast das ganze Jahr, auf abgefallenen und vergrabenen Kiefernzapfen. (A)

Hydnum cinereum Bull.

Hut zäh, korkartig, anfangs kugelig, später trichterförmig sich öffnend, regelmäßig gelappt, hellfleischrot, in der Mitte dunkler. Stacheln dünn, gleichmäßig, aschweiß, kurz, spitz zulaufend.

Im Sommer und Herbst, in Gruppen. Giftig. (B)

Calodon cyathiformis (Schff.) Quél.

Becherförmiger Korkstacheling

Hut braun, mit hell- und dunkelbraunen ringförmigen Zonen, in der Mitte vertieft, 2-3 cm. Stiel gräulich. Stacheln weiß.

Häufig, im Sommer oder Herbst, in Wäldern. (C)

(A)

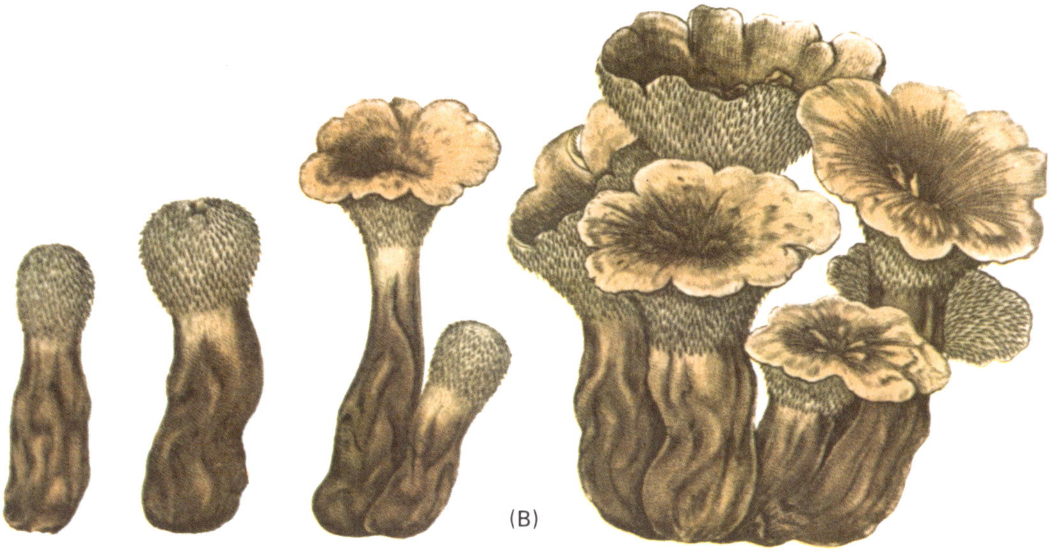

(B)

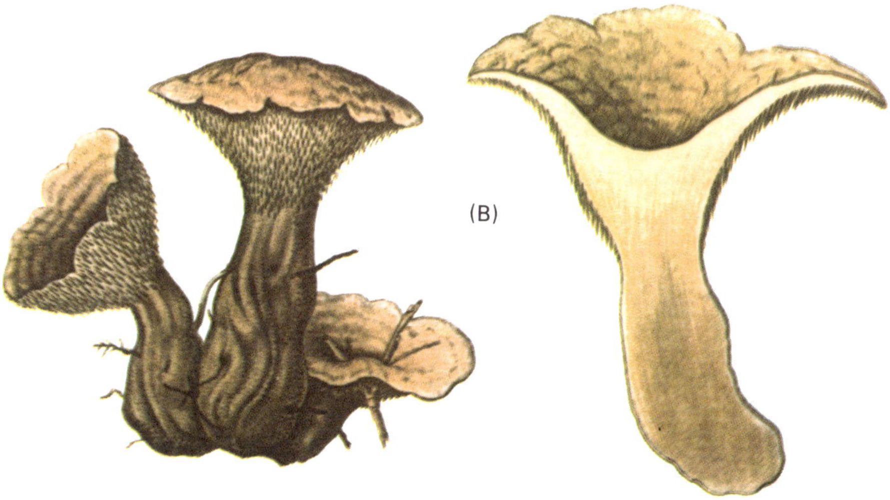

(B)

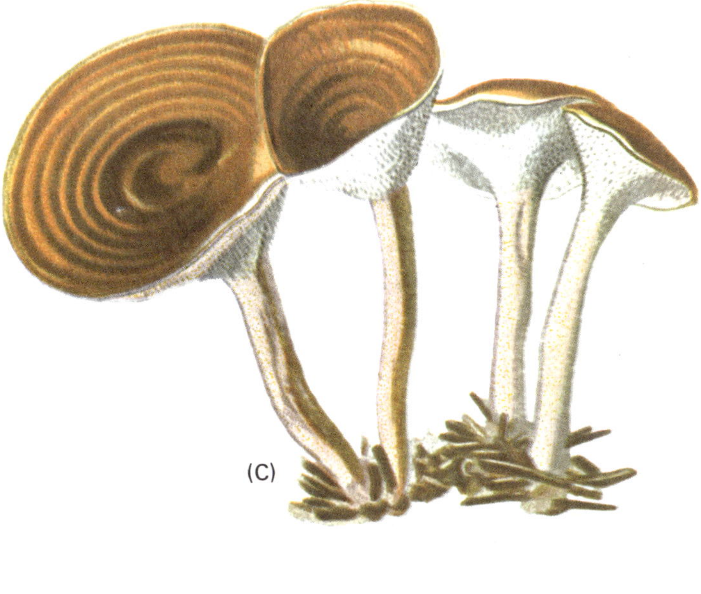

(C)

Hericium erinaceum (Bull. ex Fr.) Pers.

Igel-Stachelbart, Knolliger Stachelbart

Fruchtkörper weiß oder gelb, kann 10 cm Durchmesser oder mehr erreichen, seitlich befestigt an Baumstämmen, besonders Eichen oder Buchen, am unteren Teil mit dichtgedrängten, dünnen, langen gelblichen Stacheln.
Recht selten. Eßbar. (A)

Calodon compactus (Pers.) Quél.

Derber Korkstacheling

Hut weißgrau oder blaß gelborange, 5-10 cm. Stiel fuchsig. Stacheln braun, an der Spitze weiß. Fleisch mit rosa oder hellpurpurner Flüssigkeit, die in kleinen Tropfen austritt.
Recht selten, im Sommer oder Herbst, in Wäldern. (B)

Sarcodon imbricatus (L. ex Fr.) Karst.

Habichtspilz

Hut braun, niedrig gewölbt oder in der Mitte eingedrückt, mit großen Schuppen, 2-8 cm. Stiel kurz, glatt, gräulich. Stacheln gräulich, am Stiel herablaufend. Fleisch grau oder schwärzlich.
Recht häufig, im Sommer und Herbst, in Kiefernwäldern, meist gesellig, oft in Reihen oder Kreisen. Eßbar nach Abkochen. (C)

(C)

(A)

(B)

Hydnum repandum (L. ex Fr.) S.F.Gray

Semmel-Stoppelpilz

Hut hell rotbraun, fleischig, unregelmäßig gestaltet, am Rand gewellt, 6-12 cm. Stiel weißlich, leicht rotbraun an der Basis. Stacheln jung rotbraun oder hellbraun. Fleisch weiß, schwach bitter.
Sehr häufig, im Sommer und Herbst, in Wäldern, oft in Reihen oder Kreisen. Eßbar. (A)

Hygrocybe conica (Scop. ex Fr.) Kummer

Kegeliger Saftling

Hut immer kegelförmig, jung aufrecht und sehr spitz, mit eingerolltem Rand, später mehr ausgebreitet, Rand allmählich aufspaltend und aufgebogen, feucht oder etwas klebrig, leicht transparent, goldgelb oder orangerot, im Alter schwarzwerdend, 2-5 cm. Stiel leuchtend-gelb, ebenso schwarzwerdend. Lamellen gelb, dann schwarz, frei oder weit oben am Stiel befestigt.
Recht häufig, im Herbst, außerhalb des Waldes, auf Wiesen und Weiden. Giftig. (B)

Hygrophorus eburneus (Bull. ex Fr.) Fr.

Elfenbein-Schneckling

Hut weiß, stumpf gebuckelt, im Alter oft in der Mitte eingedrückt, sehr schmierig, 3-5 cm. Stiel weiß, schleimig, besonders oben. Lamellen weiß, am Stiel herablaufend, schleimig. Fleisch weiß. Geruch und Geschmack mild, recht angenehm.
Häufig, im Herbst, besonders in Buchen- und Nadelwäldern. Eßbar, wird vor allem als Würzpilz verwendet. (C)

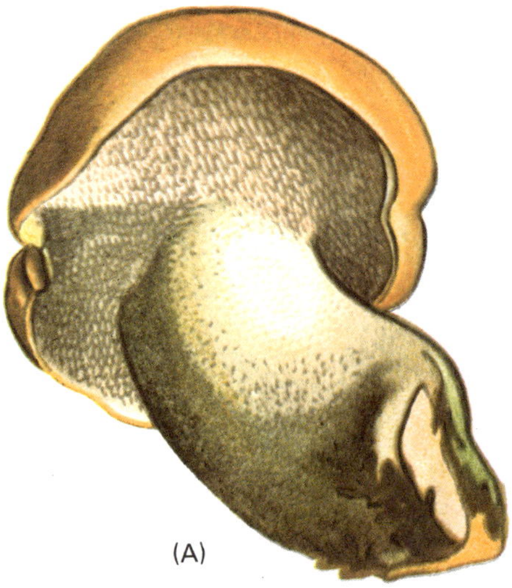

(A)

(C)

(B)

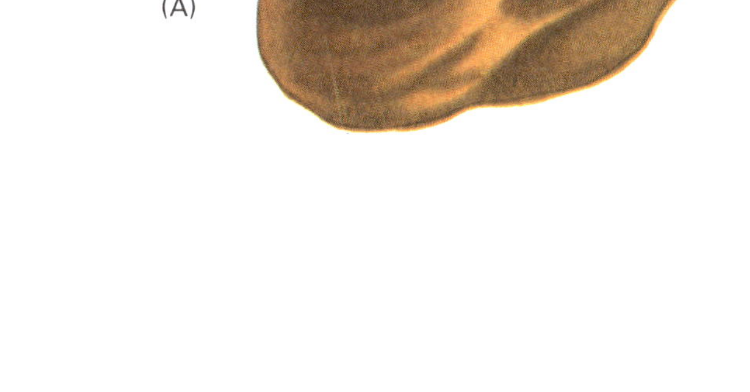

(A)

Hygrocybe coccinea (Schff. ex Fr.) Kummer

Scharlachroter Saftling

Hut gewölbt, karminrot oder orangerot, 2-6 cm. Stiel karminrot. Lamellen gelb oder rötlich, etwas am Stiel herablaufend.
Recht häufig, in Wäldern und auf Wiesen, im Herbst. Manche Autoren bezeichnen den Pilz als eßbar, manche als verdächtig. Vom Verzehr ist daher abzuraten. (A)

Camarophyllus niveus (Scop. ex Fr.) Wünsche

Glasigweißer Ellerling

Hut weiß, gewölbt, später in der Mitte etwas vertieft, etwas klebrig, 2-4 cm. Stiel weiß. Lamellen weiß, ziemlich dünn, am Stiel herablaufend, manchmal aderig verbunden. Fleisch weiß.
Recht häufig, Frühling bis Herbst, auf Grünland. Eßbar. (B)

Camarophyllus pratensis (Pers. ex Fr.) Kummer

Wiesen-Ellerling

Hut rötlich oder orange, kaum klebrig, im Alter strahlenförmig einreißend, 4-8 cm. Stiel dick, weißlich, mit rotbraunen Streifen. Lamellen weiß-gelblich oder hell rotbraun, auseinanderstehend, weit den Stiel herablaufend. Fleisch weißlich.
Stellenweise, im Herbst, in Wäldern und auf Grünland. Eßbar. (C)

(A)
(B)
(C)

Collybia dryophila (Bull. ex Fr.) Kummer

Waldfreund-Rübling

Hut leicht gewölbt, fast flach, manchmal in der Mitte leicht vertieft, mit recht unterschiedlichen Farben: weiß-gelblich, hell rotbraun, blaßbraun, gewöhnlich in der Mitte etwas dunkler, 2-5 cm. Stiel gelblich, an der Basis etwas dunkler. Lamellen weißlich. Fleisch weiß. Geruch und Geschmack schwach, mild.
Recht häufig, im Sommer und Herbst, in Wäldern. Eßbar, aber wegen seiner Kleinheit wenig gesammelt. (A)

Collybia fusipes (Bull. ex Fr.) Quél.

Spindeliger Rübling

Hut gewölbt, später ausgebreitet, leicht gebuckelt, braun-fuchsig, 5-8 cm. Stiel unregelmäßig, spindelig-wurzelnd, in der Mitte aufgebläht, nach oben sich verjüngend, tief längsgerieft, hell rotbraun oder braun. Lamellen weiß, später fuchsig. Fleisch weiß. Geruch schwach, Geschmack angenehm.
Recht selten, im Sommer und Herbst, büschelig, meist am Fuß alter Eichen. Verdächtig. (B)

(A)

(B)

Oudemansiella radicata (Relhan ex Fr.) Sing. (Scop.) Fr. *Syn.: Collybia macrooura*

Wurzel-Schleimrübling, Grubiger Schleimrübling

Hut schleimig, grau-gelblich oder blaßbraun, 3-6 cm. Stiel grau oder rötlich, mit einer tief in den Boden eingesenkten Pfahlwurzel. Lamellen weiß.

Recht häufig, im Sommer und Herbst, am Fuß von Bäumen, vor allem unter Buchen. Eßbar. (A)

Flammulina velutipes (Curt. ex Fr.) Sing.

Samtfußrübling, Winterpilz

Hut klebrig, leuchtend gelborange, in der Mitte braun, 2-6 cm. Stiel dunkelbraun, oben oft fahlgelb, nach unten meistens schwarz, dicht samtig, gerade oder am Grunde verdreht. Lamellen strohgelb. Fleisch weiß oder gelblich, weich.

Nicht selten, in milden Wintern, in großen Büscheln, an verschiedenen lebenden oder abgestorbenen Laubhölzern, auch an Stümpfen. Eßbar. (B)

(A)

(B)

Mycena epipterygia (Scop. ex Fr.) S.F.Gray

Dehnbarer Helmling

Hut eichelförmig-gewölbt, bedeckt mit einer in einem Stück ablösbaren schleimigen Haut, stark gerieft, am Rand gelb-weißlich, sonst bräunlich. 10-15 mm. Stiel schleimig, dünn, gelb. Lamellen weiß, gelb oder rotbraun gefleckt. Geruch nach Rettich.
Häufig, im Sommer und Herbst, im Moos, zwischen Reisig und Laub. Bedeutungslos. (A)

Mycena galopoda (Pers. ex Fr.) Kummer

Weißmilchender Helmling

Hut glockenförmig, variierend von weiß bis fast schwarz, in der Mitte dunkler, am Rand gerieft, 1-2 cm. Stiel dünn, grau, mit weißem Milchsaft. Lamellen weiß, leicht graugrün. Fleisch geruchlos.
Sehr häufig, im Sommer und Herbst, in Wäldern, zwischen Reisig, im Moos. Bedeutungslos. (B)

Mycena polygramma (Bull. ex Fr.) S.F.Gray

Rillstieliger Helmling

Hut gerieft, grau, graugelblich, rotbraun oder braun, 1-4 cm. Stiel stark gerieft auf der ganzen Länge, grau-glänzend, schlank, steif, striegelhaarig-wurzelnd. Lamellen weiß, manchmal rötlich werdend. Riecht manchmal unangenehm.
Häufig, besonders an Erlen- und Haselstümpfen. Bedeutungslos. (C)

Mycena pura (Pers. ex Fr.) Kummer

Rettich-Helmling

Hut gewölbt, später ausgebreitet, in vielen Farbvarianten, weiß, rosa, blaß lila, graugelblich, manchmal sogar dunkelviolett oder braun in der Mitte, 2-6 cm. Stiel ebenfalls stark farbvariierend, meist rosa oder violett, mit striegeliger Basis, steif, dünn. Lamellen weiß, rosa oder violett, sehr breit, ziemlich entfernt, leicht queradrig. Fleisch dünn, weißlich. Starker Geruch nach Rüben oder Rettich.
Häufig, im Sommer und Herbst, auf dem Erdboden in Wäldern, zwischen Laub und Reisig, giftig, erzeugt Rauschzustände. (D)

(B)

(A)

(D)

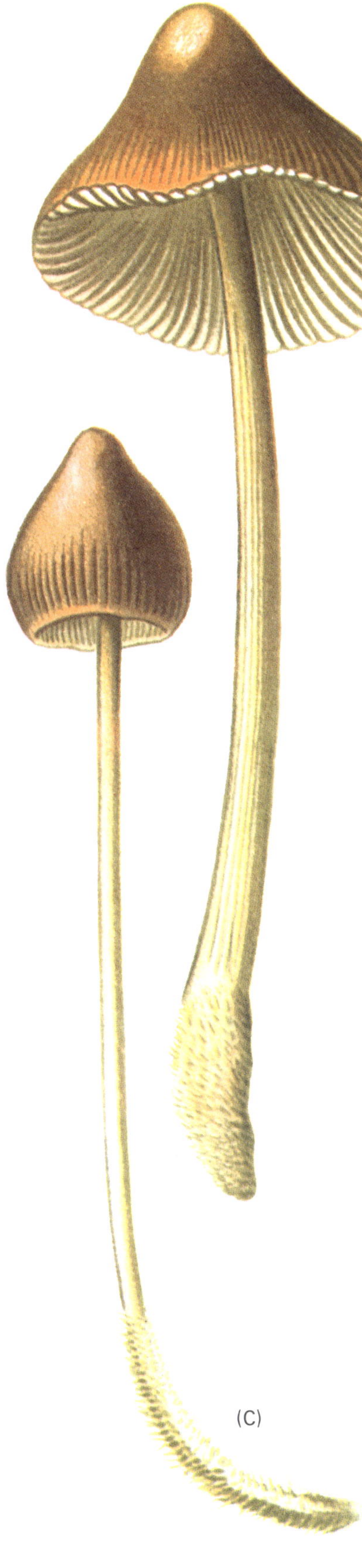

(C)

Marasmius scorodonius (Fr.) Fr.

Knoblauch-Schwindling

Hut rötlich-braun, halbkugelig, später gewölbt ausgebreitet, 1-5 cm. Stiel braun, rötlich, braunschwarz, hornartig, glänzend, glatt. Lamellen gedrängt, fein vernetzt, weiß. Starker Knoblauchgeruch.
Auf Reisig und Laub in Nadelwäldern. Eßbar, wird als Gewürz verwendet. (A)

Marasmius rotula (Scop. ex Fr.) Fr.

Halsband-Schwindling

Hut milchweiß, fallschirmartig faltig-gefurcht-genabelt, 0,5-1,5 cm. Stiel dünn, trocken, hornartig, braun, glänzend. Lamellen entfernt, weiß, mit der Besonderheit, daß sie nicht bis zum Stiel reichen, sondern durch eine Art Ring oder Röhre verbunden sind, wovon sich der Name ,,Halsband'' herleitet. (Selbstverständlich hat dieses ,,Halsband'' nichts gemeinsam mit dem Ring der *Amanita-* oder *Lepiota-*Arten).
Sehr häufig, fast das ganze Jahr, auf feuchtem Boden, Baumstümpfen, Reisig, Laub. (B)

Marasmius oreades (Bolt. ex Fr.) Fr.

Nelken-Schwindling

Hut blaß ledergelb-lederrotbraun, etwas dunkler in der Mitte, manchmal am Rand gerieft, 2-6 cm. Stiel elastisch, trocken, gelblich. Lamellen weitstehend, gelblich. Fleisch weiß. Geruch schwach, angenehm, nach Bittermandeln.
Sehr häufig, im Sommer und Herbst, auf Erde, außerhalb von Wäldern, in Wiesen, an Wegrändern, sehr häufig in Hexenringen. Eßbar und gut. Wird meist getrocknet als Würze für Suppen und Saucen verwendet. Sehr aromatisch. (C)

(B)

(A)

(C)

Rozites caperata (Pers. ex Fr.) Karst. Quél. *Syn.: Pholiota caperata*

Zigeuner, Reifpilz

Hut tonblaß, tonbraun, durch Bereifung oft mit lilafarbenem Schein, am Rand grubig gerunzelt, 6-8 cm. Stiel weißlich oder blaßgelb, leicht samtig unterhalb des Ringes. Lamellen blaß-lehmfarben. Fleisch weiß oder gelblich.
Häufig, im Herbst, besonders in Nadelwäldern, meist zwischen Heidelbeeren. Eßbar und gut. (A)

Kuehneromyces mutabilis (Schff. ex Fr.) Sing. & Smith

Stockschwämmchen

Hut fuchsig gelb, glatt, bei Feuchtigkeit am Rand durchscheinend, 3-8 cm. Stiel fuchsig, oben blaß, braun am unteren Ende, oft mit schwärzlichen Schuppen, die im Alter verschwinden. Häutiger, recht ausdauernder Ring. Lamellen gelb, später fuchsig. Geruch sanft und kräftig.
Sehr häufig, Frühling bis Herbst, büschelig, auf Baumstümpfen. Eßbar. Nur sehr frisch verwenden. (B)

Pholiota squarrosa (Pers. ex Fr.) Kummer

Sparriger Schüppling

Hut fuchsig, mit sparrigen braunen Schuppen, 5-10 cm. Stiel sehr lang, fast zylindrisch, fuchsig, mit dunkleren Schuppen, oberhalb des Ringes glatt. Lamellen hell rostrot. Fleisch hellgelb oder gelblich, Geschmack manchmal leicht scharf. Geruch rettichartig.
Häufig, im Herbst, auf Baumstümpfen, in kleinen Büscheln mit etwa 3-8 Individuen. Verdächtig, wertlos. (C)

(B)

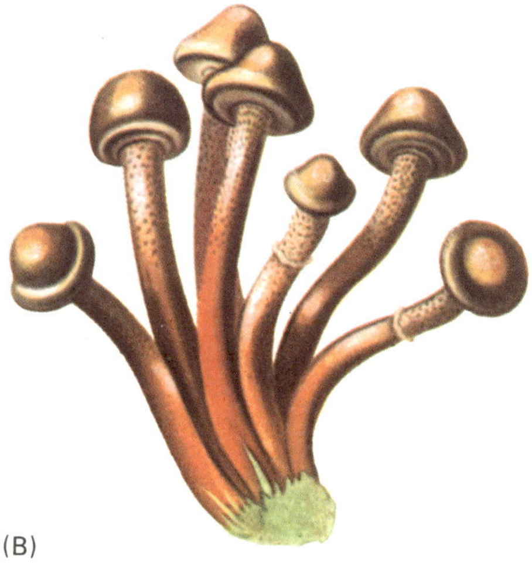

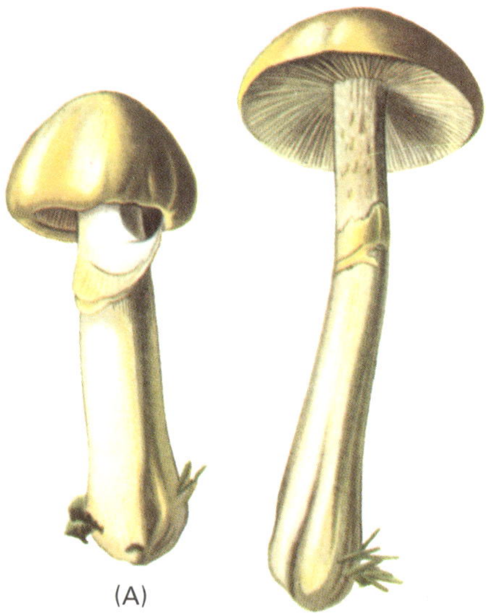

(A)

(C)

Hypholoma fasciculare (Huds. ex Fr.) Kummer

Grünblättriger oder Bitterer Schwefelkopf

Hut gelb, am Rand blasser, 1-7 cm. Stiel hohl, häufig gewunden oder gedreht, gelblich, zitronengelb, manchmal fuchsig oder orange. Lamellen gelb, später schmutziggrün. Fleisch sehr bitter. Geruch nach Jod.
Sehr häufig, fast das ganze Jahr, in dichten Büscheln auf alten Baumstümpfen. Ungenießbar wegen seiner starken Bitterkeit. (A)

Inocybe fastigiata (Schff. ex Fr.) Quél.

Kegeliger Rißpilz

Hut spitzgebuckelt, später mehr ausgebreitet, manchmal glockenförmig, graugelblich oder braun, 2-10 cm. Stiel blaßgelb. Lamellen gelboliv oder braunoliv. Fleisch weißlich.
Häufig, im Herbst, in Wäldern, auf Schlagflächen, auf Dünen. Sehr giftig. (B)

Inocybe geophylla (Sow. ex Fr.) Kummer

Erdblättriger Rißpilz

Recht kleiner Pilz, sehr veränderlich in der Farbe. Hut spitz kegelig, später fast flach, aber in der Mitte gebuckelt, glatt, seidig, weiß oder violett, seltener fuchsig, 1-5 cm. Stiel weiß, schlank, manchmal violett. Lamellen grau-lila, später rostbraun.
Sehr häufig, im Herbst, in grasigen Wäldern. Giftig. (C)

Inocybe cookei Bres.

Hut gewölbt, später ausgebreitet, vom Rand her einreißend, braun fuchsig, 3-6 cm. Stiel grau-gelblich, oben schwach feinflockig-schuppig, meist mit weißlich gerandeter Knolle. Lamellen grauockerlich bis lehmfarben. Fleisch weißlich.
Ziemlich häufig, im Herbst, in Nadelwäldern. (D)

(C)

(A)
(A)
(D)
(B)

Hebeloma crustuliniforme (Bull. ex Fr.) Quél.

Tongrauer Fälbling, Tränender Rettich-Fälbling

Hut fuchsig oder gelblich, in der Mitte dunkler, zuerst kugelig, später gewölbt-ausgebreitet, schließlich fast flach, am Rand gewellt, 8-12 cm. Stiel mit weißen, dickflockigen Schuppen, besonders oben. Lamellen fuchsig, bei Feuchtigkeit dicht beperlt von Tränen, die zuerst milchigweiß, später graubraun sind. Fleisch weiß. Starker Rettichgeruch. Geschmack unangenehm.

Sehr häufig, im Sommer und Herbst, in Wäldern, besonders in Gebüsch. Unverträglich. (A)

Cortinarius alboviolaceus (Pers. ex Fr.) Fr.

Weißvioletter Dickfuß

Hut weißviolett oder bläulich, seidig glänzend, 5-12 cm. Stiel violett. Lamellen blauviolett, später zimtbraun. Fleisch weißlich bis hellviolett, besonders in der Stielspitze.

Häufig, im Sommer und Herbst, in Wäldern. (B)

Cortinarius anomalus (Fr. ex Fr.) Fr.

Graubrauner Schleierling

Je nach Varietät ist die Hutfarbe sehr unterschiedlich. Sie kann sein blaßgelb, blau, violett, purpurrosa, ziegelrot, grau, braun oder fuchsig. Hutdurchmesser 3-8 cm. Stiel am unteren Ende verdickt, oben violett. Lamellen blauviolett oder blaupurpurn, später rotbraun oder zimtbraun. Fleisch gelblich oder bläulich.

Häufig, im Herbst, in Wäldern, besonders unter Buchen, bis über Waldgrenze. Wertlos. (C)

(A)

(C)
(B)

Cortinarius armeniacus (Schff. ex Fr.) Fr.

Aprikosen-Wasserkopf

Hut glatt, seidig aprikosenfarbig oder braun-orange, 6-10 cm. Stiel unten leicht keulig verdickt, darunter manchmal verschmälert, weiß. Lamellen blaßockerfarben, später blaßrotbraun. Fleisch weißlich.
Häufig, im Sommer und Herbst, besonders in Fichtenwäldern der Gebirge. (A)

Dermocybe cinnamomea (L. ex Fr.) Wünsche

Zimt-Hautkopf

Hut zimtbraun, manchmal gelb-fuchsig, 3-6 cm. Stiel zylindrisch, leuchtend gelb. Lamellen gelb, mehr oder weniger zimtbraun werdend. Fleisch gelblich oder fuchsig.
Häufig, im Herbst, in Nadelwald. Wertlos. (B)

Cortinarius trivialis Lge. plur. non Fr. *Syn.: C.collinitus auct.*

Natternstieliger Schleimfuß

Hut am Rand gelbrötlich, in der Mitte dunkler, braunrot oder manchmal olivbraun, sehr schleimig, 5-10 cm. Stiel oben und unten verjüngt, nahe dem Schleier verdickt, gelbrötlich, bedeckt mit großen Schuppen, die manchmal fast ringförmig angeordnet sind, schleimig. Lamellen blau-violett, später zimtbraun. Fleisch grau-gelblich.
Recht häufig, im Sommer und Herbst, in Laubwäldern.. Wertlos. (C)

Cortinarius elatior Fr.

Langstieliger Schleimfuß

Hut kegelförmig, später ausgebreitet, in der Mitte glatt, am Rand gerieft, schleimig, gelb, gräulich, grauviolett oder braun, 6-10 cm. Stiel bis über 2 cm dick, bei älteren Exemplaren schlank, weißlich, manchmal leicht hellviolett. Lamellen braunviolett oder dunkelrotbraun.
Ziemlich häufig, im Herbst, vor allem in sandigen Laubwäldern. Wertlos. (D)

(B)

(C)

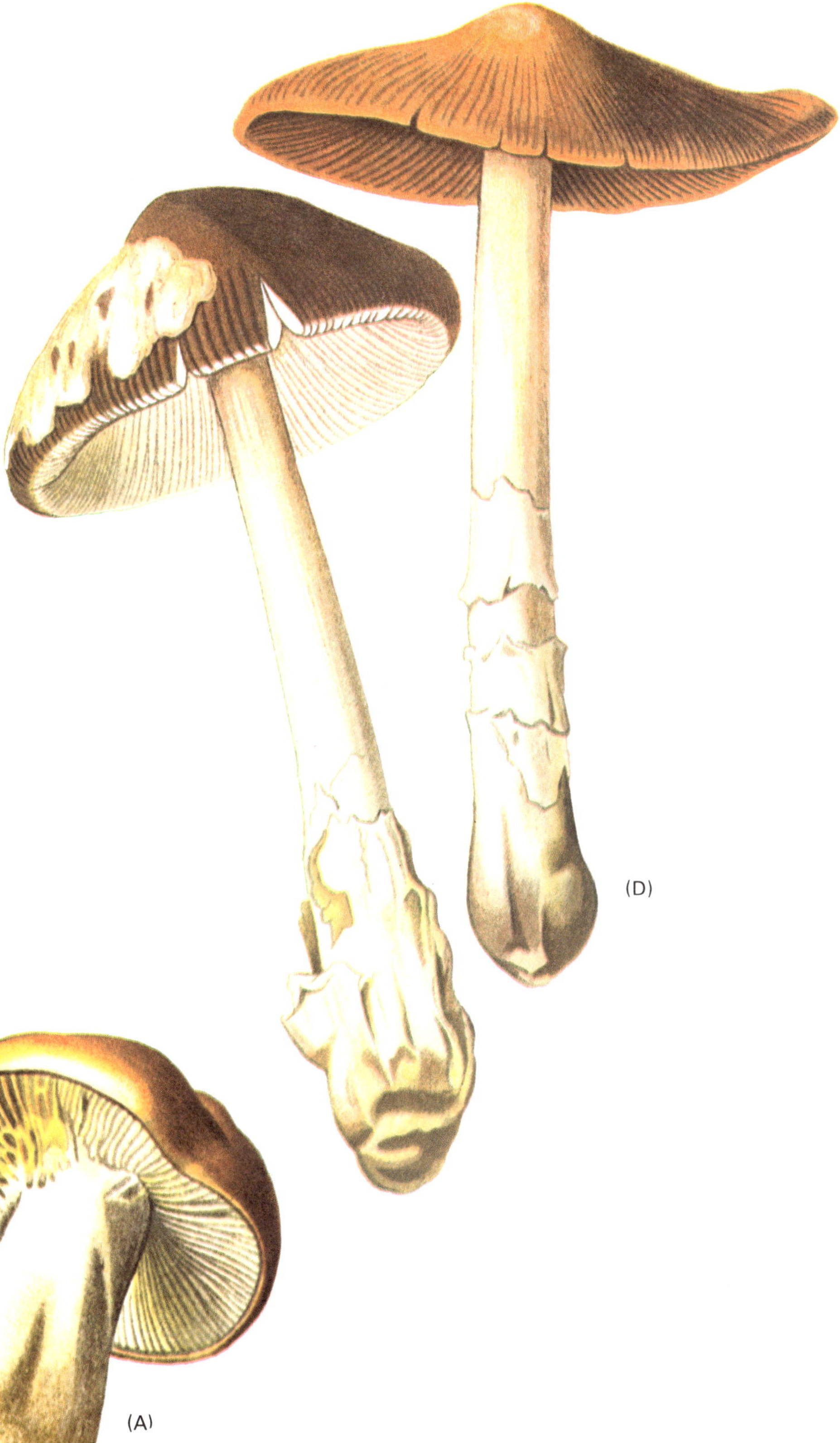

(D)

(A)

Cortinarius glaucopus (Schff. ex Fr.) Fr.

Knollenloser Klumpfuß

Hut gelbbräunlich oder gelborange, schleimig, 8-12 cm. Stiel unten verdickt, hellviolett oder gelblich. Lamellen zunächst violett, später zimtbraun. Fleisch blaßviolett, später gelblich.
Nicht selten, im Sommer und Herbst, besonders in Nadelwäldern, sogar hoch im Gebirge. (A)

Cortinarius purpurascens Fr.

Purpurfleckender Klumpfuß

Hut gewöhnlich braun-purpurn, am Rand violettlich getönt, schleimig, 5-10 cm. Stiel knollig, lila oder violett. Lamellen blau oder violett, zimtbraun werdend, aber immer mit violettem Schimmer, bei Druck hellpurpurn. Fleisch violett oder gelblich.
Nicht häufig, im Sommer oder Herbst, besonders in Nadelwäldern. (B)

Cortinarius traganus Fr.

Lila Dickfuß

Hut hellviolett oder hellpurpurn, fuchsig-orange in der Mitte, 6-10 cm. Stiel gelb-hellviolett, sehr knollig an der Basis. Lamellen anfangs gelb-rötlich-braun, später dunkel rotbraun. Fleisch gelblich. Geruch widerlich, an Ziegenbock erinnernd, nach Azetylen, besonders stark bei älteren Exemplaren.
Nicht selten, im Herbst, in Nadelwald. Leicht giftig. (C)

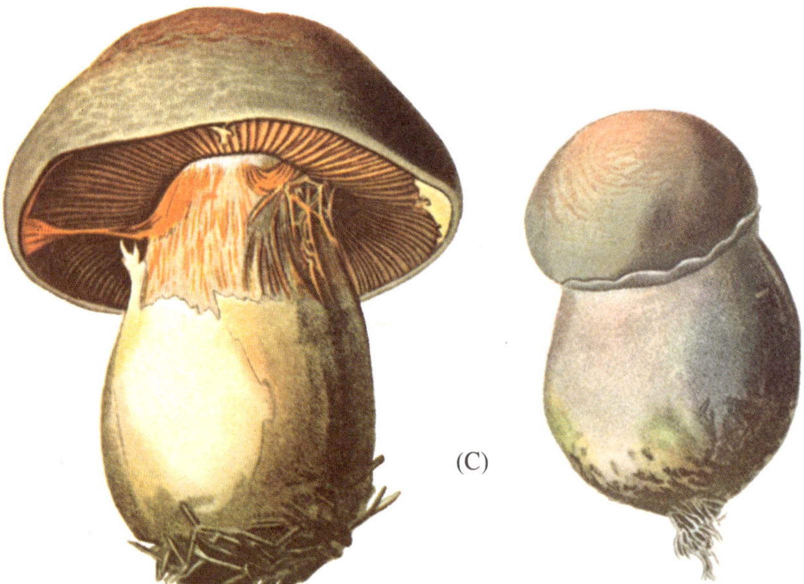

(C)

(B)
(A)

Volvariella speciosa var. gloiocephala (DC. ex Fr.) Sing.

Geriefter Scheidling

Hut schmierig, graugrünlich oder grünoliv, großer Pilz, zuerst kugelig, dann fast flach, manchmal gebuckelt, am Rand leicht gerieft, 4-12 cm. Stiel schlank, weißlich oder grau-hellrotbraun. Ohne eigentümlichen Geruch und Geschmack.

Relativ selten, ab Frühjahr, auf Rasenflächen, in Gärten, auf Feldern. Eßbar und gut. Da mit *Amanita phalloides* (Grüner Knollenblätterpilz) zu verwechseln, wird vom Genuß abgeraten.

Bei *Volvariella speciosa* (Fr.) Sing. (Großer Scheidling) ist der Hut elfenbeinweiß, der Rand nicht gerieft. Selten, auf gedüngtem Boden und Komposthaufen. Eßbar. (A)

Pluteus atricapillus (Secr.) Sing. (Schff. ex Fr.) Kummer *Syn.: Pluteus cervinus*

Rehbrauner Dachpilz

Hut braun oder dunkel rotbraun, manchmal am Rand heller, 6-12 cm, Oberhaut strahlenartig gestreift. Stiel weißlich, mit kleinen grauen oder schwarzen Fasern. Lamellen weiß, später rosa. Geruch stark nach Rettich oder Rüben.

Recht verbreitet, von Frühling bis Herbst, in Wäldern, am Fuß von Bäumen und auf faulendem Holz. Eßbar. Wenig gesammelt. (B)

Piptoporus betulinus (Bull. ex Fr.) Karst.

Birkenporling

Fruchtkörper dick, auf seitlichem, sehr kurzem Stiel oder ohne Stiel, grauweißlich oder graubraun, glatt, einreißend, mit dünnen, leicht abziehbaren Schuppen, 5-30 cm. Röhren kurz, Poren weiß, klein, rund. Fleisch weiß, weich, später fest, vergilbend. Geruch und Geschmack säuerlich.

Häufig, das ganze Jahr, auf lebendem oder totem Birkenholz. Wertlos. (C)

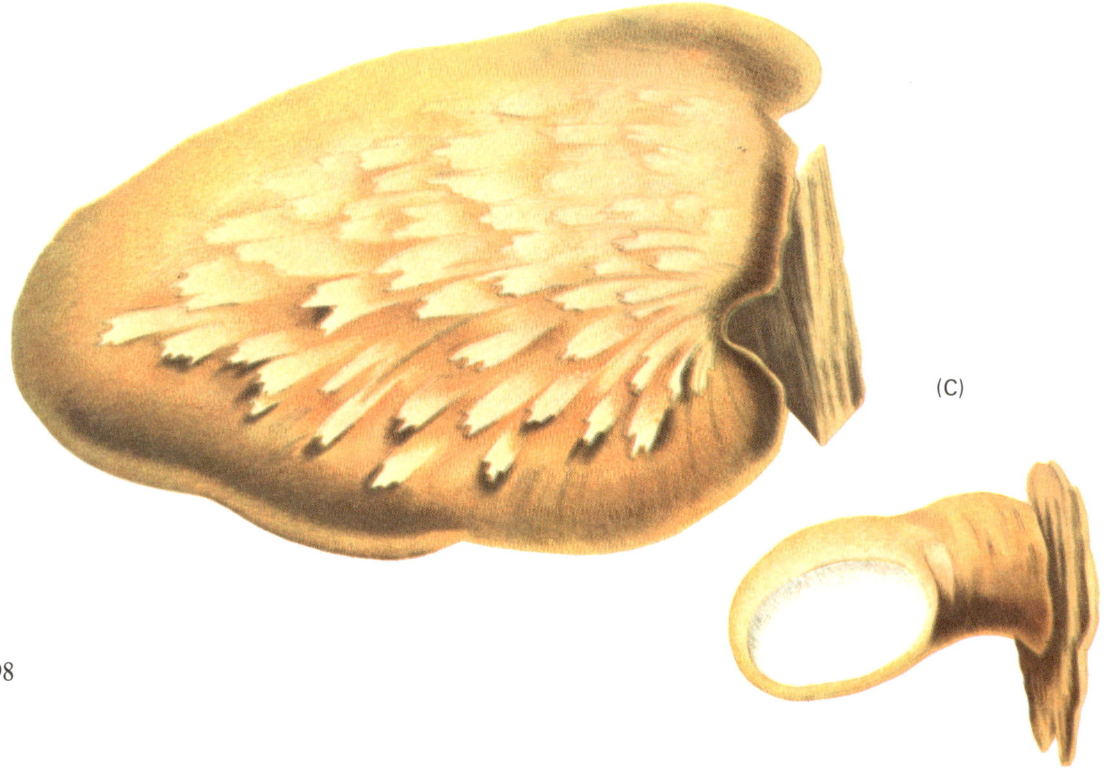

(C)

(B)
(A)

Albatrellus confluens (Alb. & Schw. ex Fr.) Kotl. et Pouz.

Semmel-Porling

Hut fächerförmig, manchmal einzeln, meist mehr oder weniger zahlreich zu einem Knäuel vereinigt, rosa oder orange, manchmal gelb-rötlichbraun, 10-15 cm. Stiel einfach oder verzweigt, strunkartig, ziemlich tief in der Erde steckend, dick, ungleichmäßig, weiß-gelblich. Röhren kurz, Poren klein, rund, schließlich unregelmäßig geformt. Fleisch etwas bitter.

Stellenweise häufig, im Herbst, in Wäldern. Jung eßbar, im Alter bitter. (A)

Phellinus igniarius L. ex Fr.

Pappel-Feuerschwamm, Falscher Zunderpilz

Fruchtkörper knochenhart, jung samtig, hufförmig, braun, dunkelgrau oder schwarz, 8-15 cm. Poren braun, mehrschichtig. Fleisch weiß.

Stellenweise, das ganze Jahr, an Baumstämmen, besonders an Pappeln, Weiden, Apfel- und Pflaumenbäumen. (B)

Ganoderma lucidum (Leysser ex Fr.) Karst.

Glänzender Lackporling

Fruchtkörper korkig-faserig, braunrot, schwärzlichbraun, lackglänzend, mit harter Rinde, halbkreisförmig, 6-10 cm. Der Rand kann eine stumpfe, glanzlose weiße Krempe tragen. Stiel randständig, lackglänzend, hutfarben. Poren grauweißlich, später braun-rotbraun. Fleisch korkbraun.

Recht selten, im Sommer und Herbst, in Wäldern, meist am Grunde von Eichen oder Eichenstümpfen. Ungenießbar. (C)

(C)

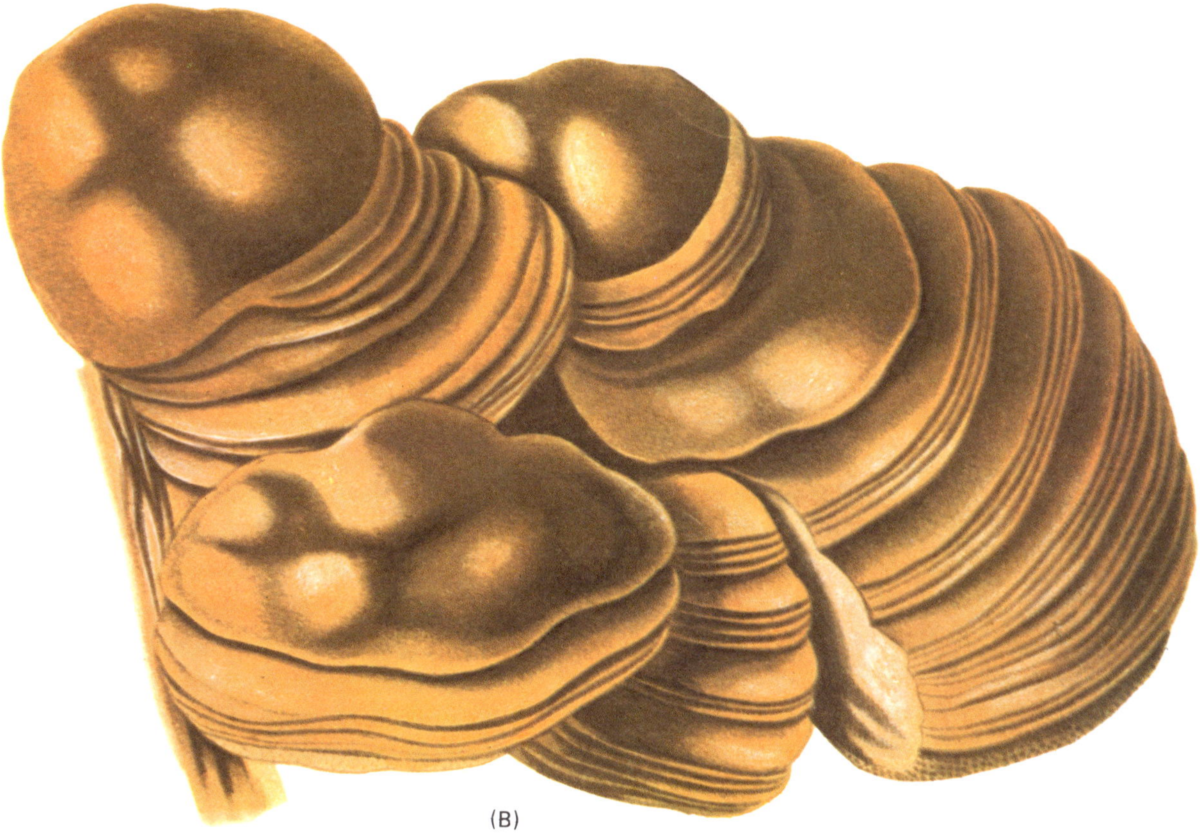

(B)

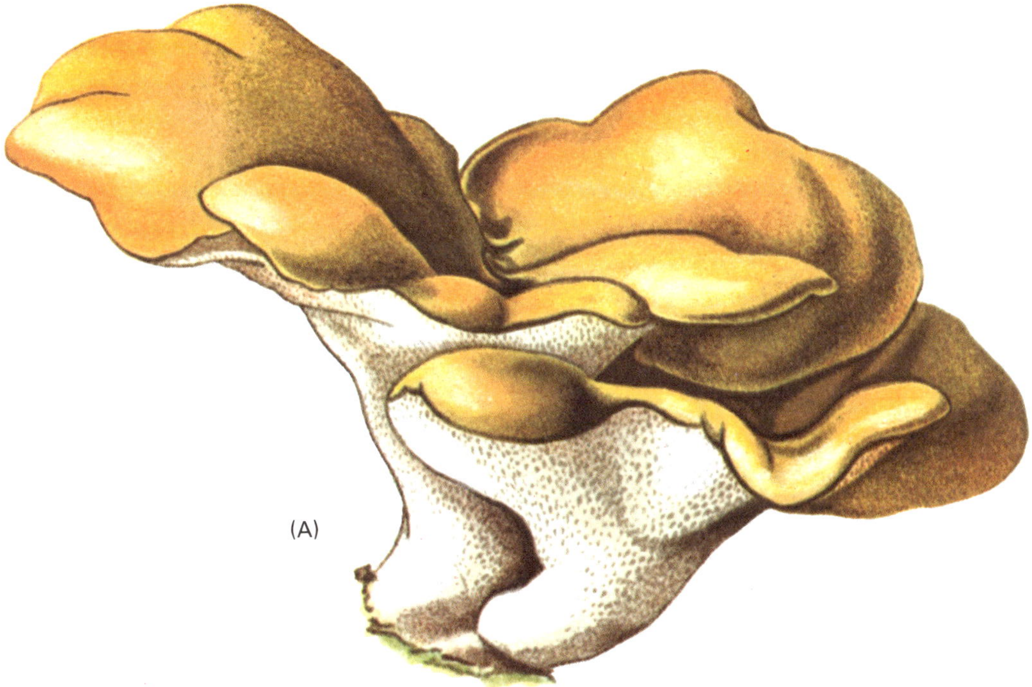

(A)

Albatrellus ovinus (Schff. ex Fr.) Kotl. et Pouz.

Schafporling

Hut weiß, später blaßfuchsig, im Alter rissig und mit unregelmäßigen braunen Feldern, gewölbt, eingedrückt in der Mitte, 5-10 cm. Stiel weiß, unregelmäßig, hutfarben. Poren weiß, später blaß zitronengelb, sehr klein. Fleisch weiß, später gelblich. Angenehmer Mandelgeruch.
Nicht selten, im Sommer und Herbst, in Nadelwäldern, oft gruppig miteinander verwachsen. Jung eßbar und gut. (A)

Coltricia perennis (L. ex Fr.) Karst.

Dauer-Porling

Hut rotbraun oder dunkelbraun, mit helleren konzentrischen Zonen, samtig, trichterförmig, 3-8 cm. Stiel samtig, fuchsig oder fahlbraun. Poren klein, grau, später braun.
Recht häufig, Juli bis November, Reste sind manchmal noch im Frühjahr zu sehen, auf sandigem Boden in Wäldern, auch an Baumstümpfen. (B)

Polyporus badius (Pers. ex S.F.Gray) Schw. *Syn.: Polyporus picipes Fr.*

Süßriechender Schwarzfuß-Porling

Parasitischer Pilz. Hut braunrötlich oder braunorange, trichterförmig, 5-15 cm. Es gibt Exemplare, die bis 85 cm groß werden. Oberfläche seidigglänzend, schillernd. Stiel schwarz, samtig, seitlich oder wenigstens exzentrisch. Poren klein, rund, gelblich. Fleisch weiß. Geruch eigentümlich süß.
Verbreitet, im Sommer und Herbst, an lebenden Stämmen von Laubhölzern, oft ziemlich hoch am Stamm. Ungenießbar, weil sehr zäh. (C)

Laetiporus sulphureus (Bull. ex Fr.) Murr.

Schwefel-Porling

Parasitischer Pilz. Hut meist ohne Stiel, schwefelgelb oder leuchtend orange, im Alter ausbleichend, 30-40 cm. Poren schwefelgelb. Herbsäuerlicher Geschmack. Geruch angenehm.
Häufig, im Frühling, Sommer und Herbst, an lebenden oder toten Laubbäumen. Oft in Gruppen und dachziegelartig übereinander. Verdächtig. (D)

(C)

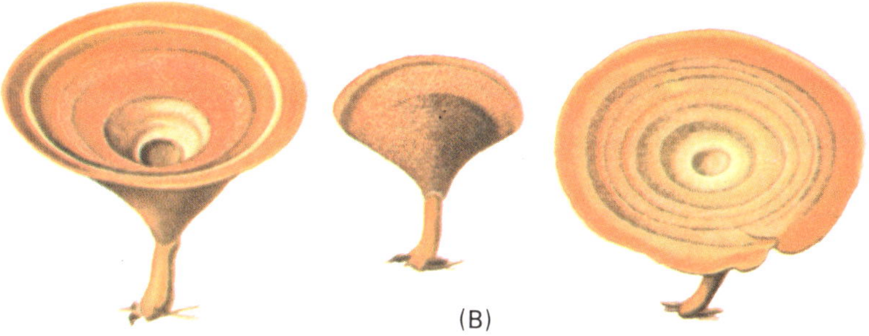

(B)

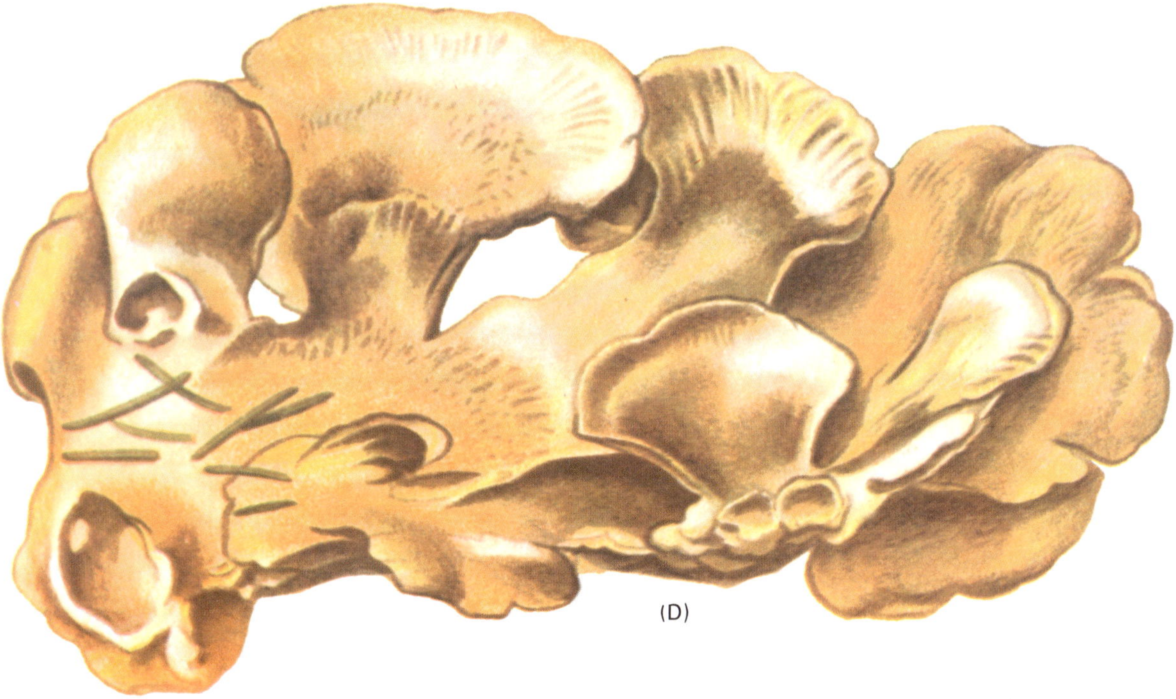

(D)

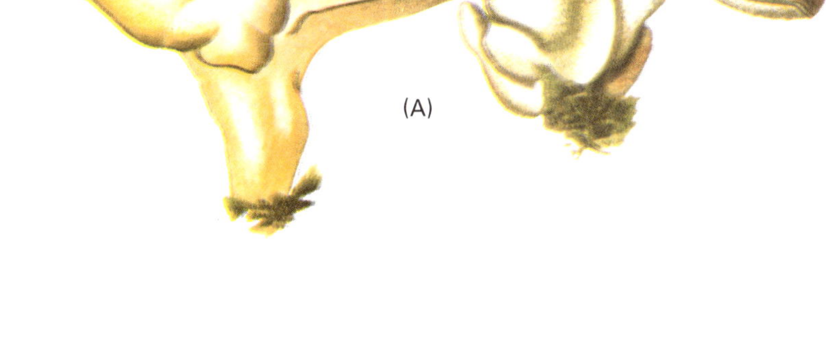

(A)

Fistulina hepatica Schff. ex Fr.

Leberpilz, Ochsenzunge

Hut rotbraun, Stiel seitlich oder fehlend, seitlich an Baumstümpfen befestigt, 15-20 cm oder auch mehr. Fleisch rot, mehr oder weniger gallertartig, mit rötlichem Saft, Geschmack säuerlich. Poren weiß oder blaßgelb, später rosa.

Recht selten, im Sommer und Herbst, auf Eichen oder Edelkastanien. Jung eßbar, am besten nach Abkochen, recht gut. (A)

Entoloma clypeatum (L. ex Fr.) Kummer

Schildrötling, Geflammter Rötling

Hut grau, braun oder fuchsig, gebuckelt, 2,5-11 cm. Stiel weißlich, schwach faserig, am oberen Ende bereift. Lamellen schmutziggelb, später rosa. Geruch und Geschmack nach Mehl.

Stellenweise, Mai-Juni, in Gras, an Wegrändern, auf Weiden, unter Rosen-Gewächsen (Apfel, Birne, Schlehe, Eberesche usw.). Roh giftig, nur ausreichend erhitzt verwenden. Eßbar und gut, doch nur von Kennern zu sammeln, da Verwechslung mit dem nachfolgenden giftigen *Entoloma sinuatum* (Riesen-Rötling) möglich. (B)

Entoloma sinuatum (Bull. & Fr.) Kummer *Syn.: Entoloma lividum (Bull. ex St. Amans) Quél.*

Riesen-Rötling

Hut graubraun, grau-gelblich oder perlgrau, an der Spitze manchmal leicht schuppig, am Rand rissig, gewellt, 10-12 cm. Stiel dick und voll, oft gekrümmt und am unteren Ende leicht verdickt, weiß gräulich, im Alter schmutziggelb oder schmutzigbraun. Lamellen wenig gedrängt, gelblich, später rötlich, oft gezähnt. Geruch nach frischem Mehl.

Recht selten, Mai-September, in Wäldern, besonders unter Eichen, Buchen und anderen Laubbäumen. Sehr giftig. (C)

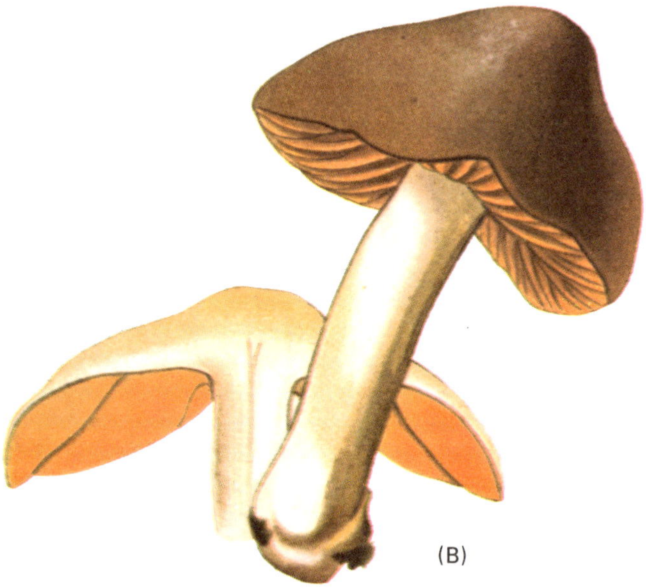

(B)

(C)

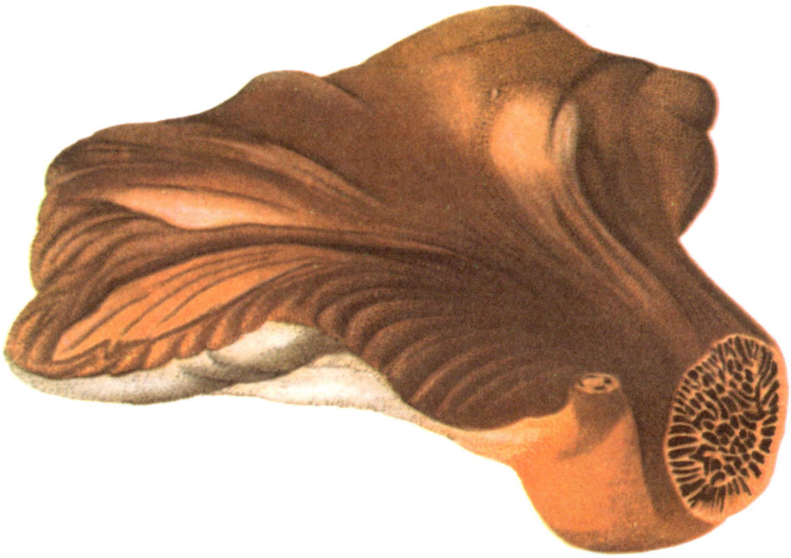

(A)

Lactarius camphoratus Bull. ex Fr.

Kampfer-Milchling

Hut braun-rötlich, gewölbt, später in der Mitte eingedrückt, am Rand gewellt, 3-6 cm. Stiel rötlich. Lamellen gelblich oder gelbrötlich. Fleisch rötlich, riecht, besonders trocken, stark nach Liebstöckel, Bockshornklee, weniger nach Kampfer. Milch weiß, süß.
Recht verbreitet, im Sommer und Herbst, in Wäldern. Eßbar, als Würzpilz verwendbar. (A)

Lactarius deliciosus Fr.

Echter-, Kiefern-, Edel-Reizker

Hut rot oder leuchtend orange, mit dunkleren konzentrischen Kreisen, trichterförmig, 5-15 cm. Stiel orange, später grünlich. Lamellen gelb oder blaßorange. Fleisch gelblich, etwas scharf, Milch orangerot. Fleisch und Lamellen werden bei Druck rasch grün.
Häufig, im Sommer und Herbst, besonders am Rand junger Nadelholzpflanzungen. Die Schärfe verschwindet bei der Zubereitung. Eßbar und sehr gut. Am besten schmeckt er gebraten. (B)

Lactarius volemus Fr.

Milchbrätling

Hut rotorange, oder gelborange in der Mitte, etwas trichterförmig-hohl, 10-12 cm. Stiel hutfarben, aber blasser. Lamellen weiß-gelblich, bei Berührung braunwerdend. Fleisch weiß-gelblich. Geruch angenehm. Sehr reichliche Milch, weiß, süß.
Recht häufig, im Sommer, in Wäldern und auf Wiesen. Eßbar. (C)

Lactarius piperatus (L. ex Fr.) S.F.Gray

Pfeffer-Milchling

Hut weiß oder grünlich, trichterförmig, mit eingerolltem Rand, 10-20 cm. Stiel weiß, dick, kurz. Lamellen weiß, dichtstehend, ein wenig herablaufend. Fleisch fest, dick, weiß. Milch weiß, brennend, scharf.
Weit verbreitet, im Herbst, in Wäldern. Ungenießbar. (D)

(A)

(B)
(C)
(D)

Lactarius necator (Bull. em. Pers. ex Fr.) Karst. *Syn.: Lactarius turpis (Weinm.) Fr.*

Tannen-Reizker

Hut zuerst gewölbt, später ausgebreitet-niedergedrückt, braun-schwärzlich oder dunkel bleigrau, manchmal schmutziggrün, jung am Rand heller, gelbgrün flaumig-filzig-fransig, 8-20 cm. Stiel grau-grünlich. Lamellen gedrängt, schmutziggelb, alt braunfleckig. Milch weiß, sehr scharf.
Häufig, im Herbst, in feuchten Nadel- und Birkenwäldern. Ungenießbar. (A)

Lactarius pyrogalus Bull. ex Fr.

Beißender Milchling

Hut gewölbt, später in der Mitte vertieft, grau-violett oder braun-rosa, manchmal mit bräunlichen oder gelbbräunlichen Zonen, 6-10 cm. Stiel braun oder hell rotbraun. Lamellen gelb-rötlichbraun, etwas herablaufend. Fleisch weiß. Milch weiß, sehr scharf.
Stellenweise, im Sommer und Herbst, unter Haselgesträuch. Verdächtig. (B)

Lactarius rufus (Scop.) Fr.

Rotbrauner Milchling

Hut braun-rotbraun, gebuckelt, jung am Rand feinhaarig und nach unten eingerollt, 5-10 cm. Stiel rotbraun. Lamellen gelb-rötlichbraun. Fleisch blaßrötlich. Milch weiß, scharf.
Sehr häufig, im Sommer und Herbst, in Nadelwäldern. Ungenießbar. (C)

Lactarius scrobiculatus (Scop. ex Fr.) Fr.

Grubiger Milchling

Hut schmutziggelb oder blaß gelborange, in der Mitte vertieft, am Rand nach unten eingerollt und bärtig-zottig, 10-15 cm. Stiel gelblich, mit zahlreichen unregelmäßigen Gruben. Lamellen weiß-gelblich. Fleisch weiß, später gelb. Milch scharf, weiß, rasch gelb werdend.
Selten, vorwiegend im Gebirge, im Sommer und Herbst, in Wäldern. Giftig. (D)

(D)

(A)
(A)
(B)
(C)

Lactarius subdulcis Bull. ex Fr.

Süßlicher Milchling

Hut flach gewölbt, später trichterförmig ausgebreitet, fuchsig oder gelblich, 4-6 cm. Stiel rötlichbraun. Lamellen fuchsig. Fleisch weiß oder hellrotbraun. Milch weiß, süß.
Weit verbreitet, im Sommer und Herbst, besonders in Laubwald. Wertlos. (A)

Lactarius theiogalus (Bull.) Fr.

Flatter-Reizker

Hut fahl orange, am Rand blasser, mehr oder weniger deutlich gezont, 4-5 cm. Stiel weißlich, rosa oder hell fuchsig. Lamellen weißlich, gelblich oder hell fuchsig. Fleisch weißlich, an Luft schwefelgelb verfärbend. Milch weiß und süß, aber bald schwefelgelb und scharf werdend. Geschmack bitter.
Recht häufig, im Herbst, an moorigen Stellen der Laub- und Nadelwälder, besonders in Kiefernwäldern. Ungenießbar. (B)

Lactarius torminosus (Schff. ex Fr.) S.F.Gray

Birken-Reizker

Hut fleischfarben, rötlichbraun oder orange, mit mehr oder wenig deutlich abgegrenzten dunkleren konzentrischen Ringen, Rand eingebogen und zottig-bärtig, 5-10 cm. Stiel rosa, orange oder fuchsig. Lamellen weiß-gelblich. Milch weiß, scharf.
Weit verbreitet, im Sommer und Herbst, in Wäldern besonders unter Birken auf feuchtem Boden. Verdächtig. (C)

Lactarius vellereus (Fr.) Fr.

Wolliger Milchling

Hut weiß oder sehr schwach fuchsig, wollig-filzig, gewölbt, dann niedergedrückt, lange mit eingerolltem Rand, 10-20 cm. Stiel dick, kurz, leicht samtig. Lamellen weiß oder gelblich. Milch weiß, scharf. Geruch unangenehm, Geschmack brennend scharf.
Recht häufig, im Herbst, in Wäldern. Ungenießbar. (D)

(C)

Russula alutacea (Pers. ex Fr.) Fr.

Weißstieliger, Großer Leder-Täubling

Hut gewölbt, später flach, 6-8 cm, Farbe sehr variabel, purpurn, gelb-grünlich oder fahlgelb; Huthaut oft klebrig. Fleisch weiß, fest. Lamellen frei, breit, gleichmäßig, ziemlich entfernt, blaßgelb. Stiel fest, dick, zylindrisch, weiß oder blaßrot, besonders zur Stielspitze hin.

Nicht selten, im Frühling, Sommer und Herbst, in Wäldern. Geschmack mild, angenehm. Eßbar. (A)

Russula aurata (With.) ex Fr.

Gold-Täubling

Hut schmierig, leuchtend gelb-orange, oft braun oder purpurn geflammt, oder in der Mitte rot und am Rand gelb, 6-8 cm. Stiel weiß oder mit zitronengelbem Schein. Lamellen sahne-weiß oder blaß gelb, am Rand kräftiger in der Farbe. Fleisch weiß, unter der Huthaut oft gelblich, dick. Geschmack zuerst mild, nach einiger Zeit scharf.

Nicht häufig, Juli bis September, in Laub- und Nadelwäldern. Ungenießbar. (B)

Russula emetica Fr.

Speitäubling

Sehr vielgestaltige Art. Hut leuchtend rot, zinnoberrot oder dunkler, aber schnell verblassend und stellenweise oder ganz gelblich-weiß werdend, 4-10 cm, Huthaut leicht glänzend. Stiel reinweiß. Lamellen weiß und entfernt. Fleisch weiß, rötlich unter der Oberhaut, die leicht abziehbar ist. Geschmack brennend scharf.

Stellenweise, im Sommer und Herbst, auf Moorboden unter Nadelbäumen. Schwach giftig. Abb. s. unten.

Es gibt zwei vom äußeren Erscheinungsbild sehr ähnliche Arten, *Russula fragilis* und *Russula sardonia. Russula fragilis* (Pers. ex Fr.) Fr. (Wechselfarbiger Speitäubling) unterscheidet sich von *R.emetica* vor allem durch die sehr wechselnde, blassere Hutfarbe, ist kleiner, das Fleisch ist weich, dünn und vollständig weiß. Sehr verbreitet, im Sommer und Herbst, in Wäldern, an schattigen Stellen, auch auf mit Moos bewachsenen Baumstümpfen. Ungenießbar. *Russula sardonia* Fr. em. Rom. (Zitronenblättriger Täubling) ist insgesamt etwas dunkler als R.emetica. Hut schwarzpurpurn, violettpurpurn. Stiel rotviolett, manchmal graurot, niemals reinweiß. Lamellen hellgelblichweiß, später zitronengelb. Häufig und massenhaft, im Herbst, in Nadelwäldern, besonders unter Kiefern. Ungenießbar. (C)

(C)

(A)
(B)
(C)

Russula foetens Fr.

Gemeiner Stink-Täubling

Hut kugelförmig, später abgeflacht, ockergelb oder überwiegend schmutzig fuchsig oder grau-gelblich, am Rand gerieft, 4-17 cm. Huthaut schleimig. Stiel kräftig, länglich, weiß-gelblich wie das Fleisch. Lamellen weiß, ziemlich entfernt, jung mit bräunlichen Tropfen. Geruch widerlich, Geschmack scharf.
Häufig, im Sommer, in Wäldern. Ungenießbar. (A)

Russula heterophylla (Fr.) Fr.

Grüner Speise-Täubling

Hut grün oder gelb-grünlich, gewölbt, später trichterförmig und oft gelblich in der Mitte. Stiel weiß. Lamellen weiß, bis zum Stiel oder zur Mitte gegabelt. Fleisch weiß, manchmal grünlich unter der Huthaut. Geschmack erst süß, dann bitter.
Verbreitet, im Sommer, in Wäldern. Vom Verzehr wird abgeraten. (B)

Russula nigricans (Bull.) Fr.

Dickblättriger Schwarz-Täubling

Stattlicher Pilz. Hut dick, dunkelgrau oder bräunlichschwarz, zuerst kugelig, dann flach und schließlich trichterförmig, 10-20 cm. Stiel grau, dann schwärzlich. Lamellen sehr dick (hervorstechende Eigenart), schmutzigweiß, bei Druck rötend, später schwarz. Fleisch weiß, verletzt stark rötend, später schwarz.
Sehr häufig, im Sommer und Herbst, in Wäldern. Eßbar. (C)

Russula rubra Krbh.

Roter Täubling

Hut purpurrot, manchmal im Alter etwas verblassend und gelblich werdend, 6-8 cm. Stiel hart, weiß, manchmal unten rosa oder rötlich gesprenkelt. Lamellen weiß, manchmal am Rand rötlich. Fleisch weiß, rot unter der schwer abziehbaren Huthaut. Geschmack sehr scharf, daher ungenießbar.
Verbreitet, im Sommer, in Wäldern. (D)

(B)

(B)

(A)
(C)
(D)

Russula sanguinea (Bull. ex St.Am.) Fr.

Blutroter Täubling

Hut fest, gewölbt, später niedergedrückt, gelegentlich in der Mitte gebuckelt, glänzend, blutrot, am Rand etwas blasser, 4-10 cm. Fleisch weiß, fest. Lamellen herablaufend, gedrängt und schmal, mürbe, weiß. Stiel voll, später hohl werdend, zylindrisch, aber am oberen Ende wie eingeschnürt, weißlich, meist rosa oder rot behaucht.
Häufig, einzeln, im Sommer und Herbst, besonders in Kiefernwäldern. Geschmack scharf. Ungenießbar. (A)

Russula virescens (Schff. ex Zant.) Fr.

Gefelderter Grün-Täubling

Hut anfangs grünlich, später zunächst stellenweise, dann fast vollständig blaß graugrün, kugelig, dann flach gewölbt bis ausgebreitet, mit trockener, feldrig-schuppiger Oberhaut, 8-12 cm. Stiel weiß, unten manchmal bräunlich. Lamellen weiß. Fleisch weiß. Geruch und Geschmack schwach, angenehm, von frisch bis käseartig.
Ziemlich selten, im Sommer, vor allem in Buchenwäldern. Eßbar und gut. (B)

Russula xerampelina (Schff. ex Secr.) Fr.

Roter Herings-Täubling

Sehr verschiedenfarbig. Hut orange oder purpurn, manchmal rosa oder gelblich-braun in der Mitte, bei feuchtem Wetter etwas klebrig, 5-10 cm. Stiel weiß, oft rosa angehaucht. Lamellen sahnefarben bis blaß ockerfarben. Fleisch weiß-gelblich oder gelb-orange, bei Verletzung bräunlich anlaufend. Geruch auffallend heringsartig, verliert sich bei der Zubereitung. Geschmack mild. Bei *Russula alutacea* (Großer Leder-Täubling) ist der mehr oder weniger purpurne Hut manchmal grünlich gefleckt, und die Lamellen sind gelblich.
Nicht selten, im Sommer und Herbst, in Nadelwäldern. (C)

(C)
(A)
(B)

Tricholoma flavovirens (Pers. ex Fr.) Lund et Nannf.

Grünling

Hut gelb, graugrünlich oder braun in der Mitte, mit schuppigen braunen feinen Fasern oder Tupfen, klebrig, oft unregelmäßig abgeflacht, 8-12 cm. Stiel schwefelgelb, recht kurz. Lamellen zitronengelb, recht gedrängt. Fleisch weiß oder etwas gelblich.

Stellenweise nicht selten, im Herbst, in sandigen Nadelwäldern. Eßbar und gut. (A)

Calocybe gambosa (Fr.) Donk *Syn.: Tricholoma georgii (Clus. ex Fr.) Quél.*

Maipilz, Georgs-Ritterling

Hut am Rand stark eingerollt, später gewölbt ohne Buckel, oft schief, weiß, weiß-gelblich oder weiß-rosa, manchmal grau-bräunlich, glatt, 5-15 cm. Stiel weiß, dick, im unteren Teil manchmal bauchig. Lamellen weißlich, sehr schmal und dicht. Fleisch weiß, fest. Geruch angenehm, nach frischem Mehl.

Recht verbreitet, Ende April bis Juni, auf Wiesen und in Wäldern, besonders unter Haselnußbüschen, oft in Hexenringen. Eßbar und sehr gut.

Der Maipilz ist sehr verschiedengestaltig und kommt in mehreren Varietäten vor, die sich vor allem durch die Hutfarbe und die Farbe der Lamellen unterscheiden. Die Abbildungen zeigen nicht den typischen weißen Maipilz, sondern eine der gefärbten Varietäten. Vor Verwechslung mit der tödlich giftigen *Inocybe patouillardii* Bres. (Ziegelroter Rißpilz) wird gewarnt. Dieser Pilz wächst zur gleichen Zeit wie der Maipilz, riecht jedoch zuerst angenehm obstartig, später widerlich-süßlich-spirituös bis spermatisch. Nur der Maipilz hat den typischen mehlartigen Geruch! (B)

Tricholoma saponaceum (Fr.) Kummer

Seifen-Ritterling

Hut grau oder graugrünlich, manchmal braun-grünlich in der Mitte, manchmal auch gedämpft gelb oder schwefelgelb, zuerst glatt, dann mit kleinen faserigen Schuppen, schließlich ein- und aufreißend, 5-15 cm. Stiel sehr verschieden geformt, oft bauchig bis spindelförmig wurzelnd, weiß-gräulich oder etwas rötlich, leicht schuppig. Lamellen weiß oder hellgelb, manchmal rötlich gefleckt. Fleisch fest, weiß, an Luft rötend. Geruch stark nach Seife.

Allgemein verbreitet, recht häufig, im Sommer und Herbst, auf allen Böden in Wäldern. Verdächtig. (C)

(B)
(C)
(A)

Tricholomopsis rutilans (Schff. ex Fr.) Sing.

Rötlicher Holzritterling

Hut blaßgelb, mit kleinen purpurnen Schuppen, 5-10 cm. Stiel dick, fest, gelb, bedeckt mit kleinen purpurnen Punkten. Lamellen gelb. Fleisch blaßgelblich bis sattgelb. Geruch etwas dumpf.
Recht häufig, im Sommer und Herbst, auf modrigen Nadelbaumstümpfen. Wertlos. (A)

Tricholoma sulphureum (Bull. ex Fr.) Kummer

Schwefelritterling

Hut schwefelgelb, gelb-grünlich, manchmal dunkelbraun in der Mitte, manchmal gebuckelt, 5-8 cm. Stiel schwefelgelb, leicht gestreift. Lamellen recht entfernt und dick, schwefelgelb oder grünlich. Fleisch gelb. Geruch stark, widerlich nach Leuchtgas.
Allgemein verbreitet, im Sommer und Herbst, in Laub- und Mischwald. Wegen seines widerlichen Geruchs und Geschmacks völlig ungenießbar, gilt als giftig. (B)

Tricholoma vaccinum (Pers. ex Fr.) Kummer

Bärtiger Ritterling

Hut gewölbt-gebuckelt, braun-fuchsig, mit zahlreichen flockigen Schuppen, am Rand filzig-bärtig, 5-6 cm. Stiel weiß mit etwas Hutfarbe, ebenso mit fuchsigen, aber blasseren faserigen Schuppen. Lamellen weißlich, später mit fuchsigem Schimmer. Fleisch weiß, später rötlich-braun.
Recht häufig, in Süddeutschland stärker verbreitet, Juli-Oktober, in Nadelwäldern. Ungenießbar. (C)

Tricholoma virgatum (fr. ex Fr.) Kummer

Brennender Ritterling

Hut kegelförmig, grau oder braun, dunkler und gebuckelt in der leicht fuchsig getönten Mitte, gestreift mit kleinen strahlenförmigen Fasern oder kleinen schwarzen Schuppen, 4-8 cm. Stiel heller als Hut, gräulich, gestreift. Lamellen ziemlich entfernt, weiß, dann grau. Fleisch weiß, dann gräulich, scharf oder brennend.
Nicht selten, im Herbst, in Nadelwäldern. Verdächtig. (D)

(A)
(C)
(D)
(B)

Laccaria laccata (Scop. ex Fr.) Bk. & Br.

Lacktrichterling

Hut zuerst kugelig, dann ausgebreitet-trichterförmig, sehr verschiedenfarbig, gelb-gräulich, rosa-purpurn, ziegelrot, fuchsig, lila oder violett, 3-5 cm. Stiel lang, faserig, meist mit Hutfarbe. Lamellen sehr entferntstehend, dick, rosa oder violett, im Alter mit weißlichem Sporenreif. Fleisch dünn, violett oder rötlich. Ohne eigentümlichen Geruch oder Geschmack. [Eine andere Art, *Laccaria amethystina* (Bolt. ex Hooker) Murr. (Amethystblauer Lacktrichterling), ist wegen ihrer vollständig violetten Färbung der am leichtesten erkennbare Lacktrichterling].

Recht verbreitet, im Sommer und Herbst, in Laubwäldern. Wenig gesammmelt, da sehr klein. Eßbar. (L.amethystina ist die beste der Laccarien.) (A)

Pseudoclitocybe cyathiformis (Bull. ex Fr.) Sing.

Becherförmiger Gabeltrichterling

Hut stark becher- oder trichterförmig, braun oder fuchsig, am Rand bei Feuchtigkeit fast durchsichtig, trocken blasser, 4-10 cm. Stiel faserig, elastisch, braun, lang, dünn, weißfilzig an der Basis. Lamellen blaßbraun oder gräulich, rosa werdend, am Stiel herablaufend. Fleisch weißlich, dünn. Geruch recht angenehm, nach Bittermandel.

Nicht selten, im Herbst, im Moos, unter Laub, auf Wiesen und in Wäldern. Eßbar, bedeutungslos. (B)

Clitocybe gibba (Pers. ex Fr.) Kummer *Syn.: Clitocybe infundibuliformis (Schff. ex Fr.) Quél.*

Gelbbräunlicher Trichterling

Hut tief trichterförmig, am Grund oft mit kleinem charakteristischen Buckel, Rand eingerollt und gewellt, Farbe stark variierend, crèmefarben, hellbraun oder grau-gelblich, 3-10 cm. Stiel dünn, sehr faserig, an der Basis etwas dicker, weißlich, bräunlich. Lamellen weiß-gelblich, sehr weit herablaufend. Geruch nach Bittermandel.

Häufig, im Sommer und Herbst, in Wäldern. Eßbar, aber leicht zäh. (C)

(C)

(A)
(B)

Lepista inversa (Scop. ex Fr.) Pat.

Fuchsiger Trichterling

Hut sehr verschiedenfarbig, hellbraun, orangegelb oder fuchsig, trichterförmig, am Rand oft eingerollt, 3-10 cm. Stiel sich nach oben verbreiternd, kurz, weißlich oder blaßgelb. Lamellen stark gedrängt, schmal, weit herablaufend, weiß-gelblich. Fleisch recht zäh. Ohne besonderen Geruch.
Häufig, im Sommer und Herbst, in Wäldern, oft in Gruppen und Ringen. Eßbar. (A)

Armillariella mellea (Vahl. in Fl.Dan. ex Fr.) Karst.

Hallimasch

Hut kugelig, später ausgebreitet, jung oft gebuckelt, verschiedenfarbig, honiggelb, fuchsig oder braun, mit kleinen schwarzen Schuppen, 5-10 cm. Stiel sehr faserig, zäh, gelb-rötlichbraun, im Alter hohl, oben gerieft. Weiter weißer Ring, am Rand gelblich. Lamellen ziemlich weitstehend, dünn, weißlich oder hellfuchsig im Alter, kurz herablaufend. Fleisch weißlich. Geruch schwach. Geschmack eigenartig zusammenziehend.
Sehr häufig, im Herbst, auf alten Stümpfen, in großen Büscheln. Beim Kochen vergeht der eigentümliche Geschmack des Pilzes, doch gibt es Menschen, die ihn auch abgekocht nicht vertragen. Hut eßbar, roh giftig.
Dieser Pilz wird neuerdings in 5 Kleinarten gegliedert, deren Abgrenzung noch nicht völlig gesichert scheint. (B)

Lepista nebularis (Fr.) Harmaja

Herbstblattl, Nebelgrauer Trichterling

Hut grau, in der Mitte dunkler, jung mit feinem weißen Staub, dann glatt und glänzend, gewölbt-kugelig, später flach und schließlich niedergedrückt, aber niemals trichterförmig, 6-20 cm. Stiel weiß-gräulich, unten verdickt. Lamellen gedrängt, schmal, schmutzig weiß. Fleisch weiß, dick, wird leicht madig. Geruch aufdringlich süßlich-würzig. Geschmack leicht scharf.
Sehr häufig, im Herbst, in Wäldern, gesellig. Eßbar, aber nicht immer verträglich, roh giftig. (C)

Clitocybe suaveolens (Schum. ex Fr.) Kummer

Duft-Trichterling

Hut weiß-fuchsig, in der Mitte dunkler, trocken blaß, gebuckelt, später in der Mitte leicht niedergedrückt, 3-5 cm. Stiel strohgelb oder grau-fuchsig, hellbräunlich, leicht gestreift, an der Basis leicht verdickt. Lamellen weiß, später grau. Fleisch weiß oder grau. Geruch nach Anis.
Recht häufig, im Sommer und Herbst, in Moos, auf Wiesen oder in Wäldern. (D)

Clitocybe odora (Bull. ex Fr.) Kummer

Anis-Trichterling

Hut anfangs gewölbt, dann in der Mitte eingedrückt, grün oder grau-bläulich, 4-6 cm. Stiel weiß-grünlich, an der Basis leicht verdickt. Lamellen weiß, manchmal grünlich. Fleisch weiß. Geruch sehr stark nach Anis.
Recht häufig, im Herbst, in Wäldern. Eßbar. (E)

(B)
(D)
(A)
(C)
(E)

Clitopilus prunulus (Scop. ex Fr.) Kummer

Mehlräsling

Hut weiß oder blaß grau-gelblich, am Rand gewellt, leicht niedergedrückt, 4-8 cm. Stiel kurz, schief, weiß. Lamellen gedrängt, weit am Stiel herablaufend, weiß-rosa oder grau-gelblich. Fleisch weiß, fest, brüchig. Geruch nach Mehl.

Recht häufig, im Sommer und Herbst, in Laub- und Nadelwäldern, auf Waldwiesen. Eßbar und gut. Nicht verwechseln mit den weißen Clitocybe-Arten. (A)

Pleurotus eryngii (DC. ex Fr.) Quél.

Hut grau-bräunlich oder braun-orange, im Alter heller, sehr fleischig, gebuckelt, später flach oder sogar leicht eingedrückt in der Mitte, 4-15 cm. Stiel seitlich versetzt oder am Rand, weiß. Lamellen wenig gedrängt, weißlich. Fleisch dick, weiß. Schwacher, angenehmer Geruch.

Im Frühling und Sommer, seltener im Herbst, auf Wurzeln verschiedener Doldenblütler-Arten. Eßbar.

Wird neuerdings in drei Arten unterschieden: *P.eryngii* (Fr. ex D.C.) Quél. (auf *Eryngium campestre* L., Stranddistel; westliches Mittelmeergebiet, O-, S-, W-Frankreich), *P.ferulae* Lanzi (auf *Ferula*-Arten im Mittelmeergebiet), *P.nebrodensis* Inzenga (auf *Laserpitium* in subalpinen Zonen in Europa und Asien). (B)

Pleurotus ostreatus (Jacq. ex Fr.) Kummer

Austern-Seitling

Hut unregelmäßig, an eine Auster erinnernd, Rand stark eingerollt, braun, braun-gelblich oder violett-schwärzlich, Huthaut glatt und glänzend, 6-12 cm. Stiel fest, kurz, exzentrisch oder seitlich sitzend, weißlich, am Grunde zottig oder samtig. Lamellen weiß, gedrängt, am Stiel herablaufend. Fleisch weiß, dick, fest. Geruch und Geschmack nicht unangenehm. Die Varietät *P.glandulosus* trägt auf der Oberfläche der Lamellen zahlreiche kleine Warzen.

Recht häufig, im Spätherbst, meist an Laubholz, oft in gedrängten Büscheln. Jung eßbar und gut. (C)

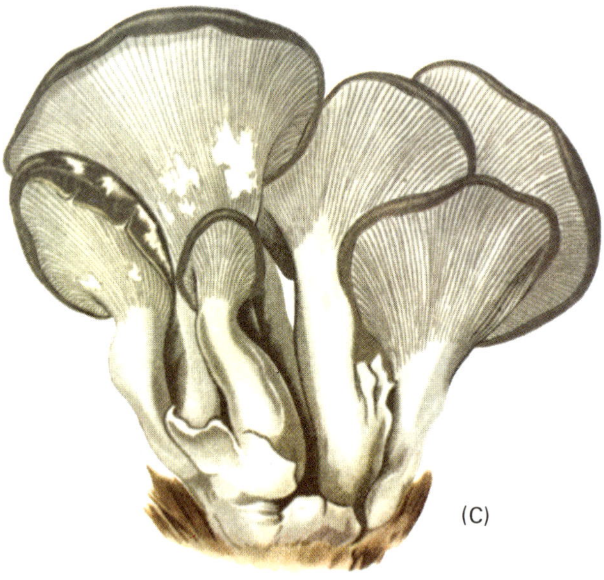

(C)

(B)

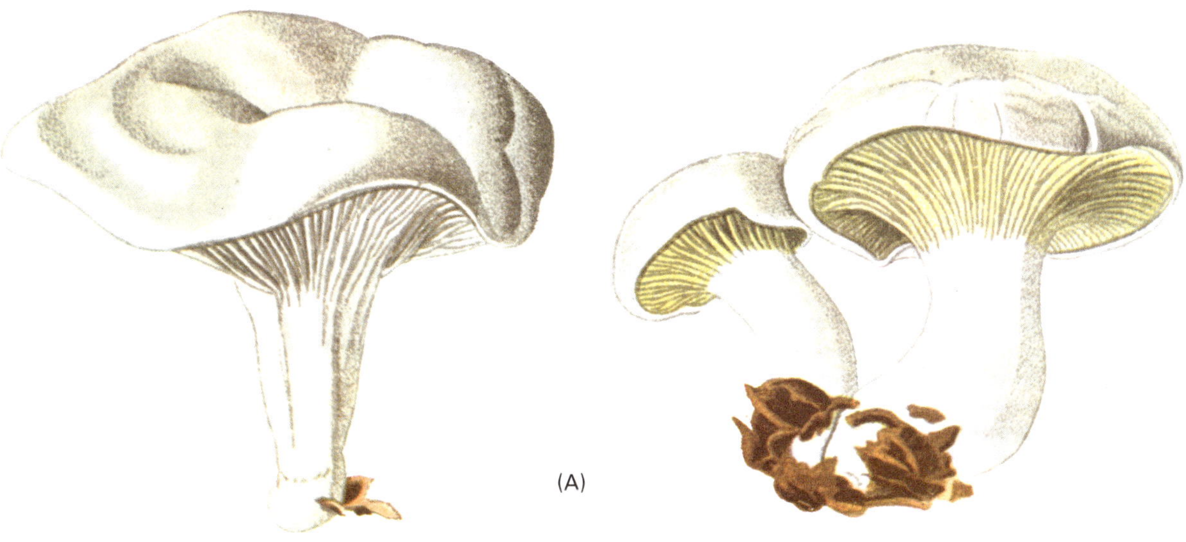

(A)